高等职业学校"十四五"规划土建类工学结合系列教材

工程造价数字化应用

主　编　卢春燕　蒋晓云　王　锦

副主编　黄洁贞　陈美榴　赖　维

　　　　马　冲　邓丽妹

U0199426

华中科技大学出版社

http://press.hust.edu.cn

中国·武汉

内 容 提 要

本书分为五个模块,其中"模块一 课程认知"包括课程介绍、软件入门 2 个任务,"模块二 GTJ2021 手工建模算量"包括新建工程与轴网、首层柱建模算量等 16 个任务,"模块三 GTJ2021CAD 识别建模算量"包括新建工程与识别轴网、识别柱建模算量等 6 个任务,"模块四 云计价平台 GCCP6.0 应用"包括新建计价项目、导入 GTJ 工程及分部分项工程计价等 6 个任务,"模块五 工程造价数字化应用职业技能等级证书考试"包括学练指南、真题解析 2 个任务。

本书内容新颖全面、实操应用性强,包含视频演示,突出数字化应用。本书可作为高职高专院校工程造价、建设工程管理、建筑工程技术等专业的教材,或指导学生参加工程造价数字化应用职业技能等级证书考试培训用书,同时可供相关专业人员学习工程造价软件参考。

图书在版编目(CIP)数据

工程造价数字化应用/卢春燕,蒋晓云,王锦主编.—武汉:华中科技大学出版社,2024.1
ISBN 978-7-5772-0451-2

Ⅰ.①工…　Ⅱ.①卢…　②蒋…　③王…　Ⅲ.①建筑造价管理-数字化　Ⅳ.①TU723.3-39

中国国家版本馆 CIP 数据核字(2024)第 008984 号

工程造价数字化应用
Gongcheng Zaojia Shuzihua Yingyong

卢春燕　蒋晓云　王　锦　主编

策划编辑:金　紫
责任编辑:周江吟
封面设计:原色设计
责任监印:朱　玢
出版发行:华中科技大学出版社(中国·武汉)　　电话:(027)81321913
　　　　　武汉市东湖新技术开发区华工科技园　　邮编:430223
录　　排:华中科技大学惠友文印中心
印　　刷:武汉科源印刷设计有限公司
开　　本:787mm×1092mm　1/16
印　　张:15.5
字　　数:397 千字
版　　次:2024 年 1 月第 1 版第 1 次印刷
定　　价:58.00 元

前　　言

为深入贯彻党的二十大精神,办好人民满意的教育,高职院校有义务积极推动党的二十大精神进教材、进课堂、进头脑。本书基于工程造价专业核心课程"工程造价数字化应用",为达到以学生为中心的"三融三段三结合"课堂育人混合式教学目的,对原教材内容进行了全面改革与创新,同时融入课程思政,注重课堂育人,重视学生的主观需求,尽可能激发学生学习兴趣,达成能力培养和价值塑造的教学目标。

为了满足我国现代化职业教育以及工程造价行业发展需要,本书编写结合高职高专工程造价专业、建设工程管理专业的人才培养目标,基于工程造价工作过程,面向建设工程造价员职业岗位,以培养学生具备建筑与装饰工程建模算量、工程造价确定的职业核心技能为主线,紧密对接工程造价数字化应用职业技能等级证书考试相关知识与技能要求,主要包括课程认知、GTJ2021 手工建模算量、GTJ2021CAD 识别建模算量、云计价平台 GCCP6.0 应用、工程造价数字化应用职业技能等级证书考试五大模块内容。

本书以"融媒体"新形态的形式编写,将教学内容媒体化,配备丰富数字化教学资源,手机扫码即可观看全套广联达 GTJ2021 和 GCCP6.0 软件实操演示教学视频,实现现代化信息技术与数字化教学的深度融合,补充纸质教材未能涵盖的内容,同时方便教材持续更新。

本书视角新颖、内容丰富,主要有以下几个特点。

一、"融媒体"新形态教材,全书视频演示

本书通过移动互联网技术,以嵌入二维码的纸质教材为载体,读者使用手机微信扫描二维码即可观看教材配套的融媒体数字化学习资源,内容丰富形式多样,主要包括软件实操演示视频、1+X 考证真题实操演示及解析视频、练习题库、拓展练习、主题讨论等资源,将课堂教学、1+X 考证、网络平台学习资源三者完美融合,实现混合式教学的改革与创新,更适合高等职业教育的学生喜欢融媒体视听式的学习特点。

二、内容操作性强,突出数字化应用

本书以两个项目案例作为 GTJ2021 建模算量与 GCCP6.0 清单计价图纸,对标 1+X 工程造价数字化应用职业技能等级证书的中级证书的技能要求。从创建工程与新建轴网入手,重点讲解柱、墙、梁、板、阳台、雨篷、楼梯、砌体墙、门窗、过梁、女儿墙、构造柱、压顶、屋面、散水、台阶等建筑构件以及室内外装饰软件建模算量的操作流程及方法,同时引入云检查、云对比、云指标等云计算功能,并将 GTJ 算量文件以"量价一体化"的形式导入 GCCP6.0云计价平台,完成工程量清单计价文件的编制,将数字化概念及应用引入学生的视野。

三、融入课程思政,注重课堂育人

本书将引导学生树立正确的世界观、人生观和价值观,将工程造价从业人员的职业素养全面融入书本,培养学生敢于挑战、勇于创新的自信,充分发挥课程思政育人功能,培养学生崇尚诚实守信、坚守原则的职业操守,弘扬认真细致、精益求精的职业精神,努力使学生成为德智体美劳全面发展的社会主义接班人。

本书是广东省精品资源共享课程"预算电算化"的配套用书,也是 2023 年广东省高职教育教学改革研究与实践项目"《工程造价 BIM 应用》混合式教学改革与实践"的研究成果之一。

本书既可作为高职高专院校建筑工程类专业相关课程的教材和指导书,也可作为工程造价数字化应用职业技能等级证书考试培训用书。

本书由广州城建职业学院卢春燕、王锦以及广东省精通城建职业培训学院蒋晓云任主编;广东环境保护工程职业学院黄洁贞,广州城建职业学院陈美榴、赖维、马冲及广州城建技工学校邓丽妹任副主编。本书编写任务具体分工为:"模块二 GTJ2021手工建模算量"和"模块三 GTJ2021CAD识别建模算量"由卢春燕编写(包括配套教学视频录制);"模块一 课程认知"由蒋晓云编写;"模块四 云计价平台GCCP6.0应用"由王锦编写(包括配套教学视频录制);"模块五 工程造价数字化应用职业技能等级证书考试"由陈美榴编写(包括配套真题解析视频录制)。全书由卢春燕统稿和定稿。广东环境保护工程职业学院黄洁贞,广州城建技工学校邓丽妹,广州城建职业学院赖维、马冲老师参与了本书设计与研讨,协助本书配套数字化教学资源的制作,广联达科技股份有限公司提供了软件技术支持,在此表示衷心的感谢!

由于编者水平有限,加上编写时间仓促,书中可能存在不足和疏漏之处,恳请使用本书的广大读者批评指正,我们将竭诚改正。

卢春燕

2023 年 8 月

资源配套说明

为了配合本书的讲解，全书引入了视频动画作为辅助教学的手段，便于教师授课和学生自学使用，本书会随时更新、增加相应的配套资源。

目前，身处信息化时代，教育事业的发展方向备受社会各方的关注。信息化时代，云平台、大数据、互联网＋等诸多技术与理念被借鉴于教育，协作式、探究式、社区式……各种教与学的模式不断出现，为教育注入新的活力，也为教育提供新的可能。

教育领域的专家学者在探索，国家也在为教育的变革指引方向。教育部在 2010 年发布的《国家中长期教育改革和发展规划纲要（2010—2020 年）》中提出要"加快教育信息化进程"；在 2012 年发布的《教育信息化十年发展规划（2011—2020 年）》中具体指明了推进教育信息化的方向；在 2016 年发布的《教育信息化"十三五"规划》中进一步强调了信息化教学的重要性和数字化资源建设的必要性，并提出了具体的措施和要求。2017 年党的十九大报告中也明确提出了要"加快教育现代化"。2022 年党的二十大报告明确提出了要"推进教育数字化"。

教育源于传统，延于革新。发展的新方向已经明确，发展的新技术已经成熟并在不断完备，发展的智库已经建立，发展的行动也必然需践行。作为教育事业的重要参与者，我们特邀专业教师和相关专家共同探索契合新教学模式的新形态教材，对传统教材内容进行更新，并配套数字化拓展资源，以期帮助建构符合时代需求的智慧课堂。

本套教材正在逐步配备如下数字教学资源，并根据教学需求不断完善。

· 教学视频：软件操作演示、课程重难点讲解等。

· 教学课件：基于教材并含丰富拓展内容的 PPT 课件。

· 图书素材：模型实例、图纸文件、效果图文件等。

· 参考答案：详细解析课后习题。

· 拓展题库：含多种题型。

· 拓展案例：含丰富拓展实例与多角度讲解。

数字资源使用方式：

扫描书中相应页码二维码直接观看教学视频。

本书各模块数字资源列表

本书素材

模块二 GTJ2021 手工建模算量

任务 1 新建工程
与轴网

任务 2 首层柱建模
算量

任务 3 首层梁建模
算量

任务 4 首层板建模
算量

任务 5 第 2 层柱梁板
建模算量

任务 6 阳台建模
算量

任务 7 雨篷建模
算量

任务 8 楼梯建模
算量

任务 9 砌体墙、门窗、
过梁建模算量

任务 10 女儿墙、构造柱、
压顶、屋面建模算量

任务 11 散水、台阶、平整场地、
建筑面积建模算量

任务 12 基础层柱、独立基础、
基础梁、砖基础建模算量

任务 13 垫层、基础土方
建模算量

任务 14 室内装饰建模
算量(1)

任务 14 室内装饰建模
算量(2)

任务 15 室外装饰建模
算量

任务 16 汇总计算与
导出报表

模块三　GTJ2021CAD 识别建模算量

任务 1 新建工程与
识别轴网

任务 2 识别柱建模
算量

任务 3 识别剪力墙
建模算量

任务 4 识别梁建模
算量

任务 5 识别板建模
算量

任务 6 识别砌体墙、
门窗建模算量

模块四　云计价平台 GCCP6.0 应用

任务 1 新建计价项目、
导入 GTJ 工程

任务 2 分部分项
工程计价(1)

任务 2 分部分项
工程计价(2)

任务 3 措施项目
计价

任务 4 其他项目计价

任务 5 人材机市
场价调整

任务 6 核查报价与
导出报表

模块五　工程造价数字化应用职业技能等级证书考试

计量实操真题解析
1&2 新建工程和
工程参数设置

计量实操真题解析
3-1 识别轴网和
独立基础建模算量

计量实操真题解析
3-2 首层与第 2 层
柱梁板建模算量

计量实操真题解析
3-3 砌体墙和
门窗建模算量

计量实操真题解析
3-4 室内装饰装修

计量实操真题解析
4&5 单位建筑
面积指标提取

计价实操真题解析
1-9 分部分项计价

计价实操真题解析
10-13 措施项目计价

计价实操真题解析
14-17 人材机调整

计价实操真题解析
18-19 其他费用调整

计价实操真题解析
20 工程造价费用汇总

招标文件编制真题解析

目　　录

工程造价数字化应用
Digital application of engineering cost

主讲：卢春燕，王锦，陈美榴，马冲，赖维

第1期 ∨

学校	广州城建职业学院
开课院系	建筑工程学院
专业大类	工程管理
开课专业	工程造价

模块一　课程认知

任务 1　课程介绍

知识目标

（1）了解课程基本信息；

（2）了解课程定位及目标；

（3）掌握课程教学内容及要求。

能力目标

（1）能够明确自己的学习目标；

（2）能够制订合理的学习计划；

（3）能够做好课程学习准备工作。

思政素质目标

（1）树立自主学习意识；

（2）端正学习态度，积极进取；

（3）做到心中有课程，责无旁贷。

1.1.1　课程基本信息

课程代码	Z204020477	课程名称	工程造价数字化应用
课程学分	4分	课程学时	64学时
课程类别	专业核心课	适用专业	工程造价、建设工程管理等
开设学期	大二下学期	考核方式	百万人才考试端线上实操考核

1.1.2　课程定位

　　"工程造价数字化应用"是工程造价专业的一门核心课程，是集图纸审查、施工工艺、建筑材料、行业规范等多学科知识于一体的综合应用型课程。数字化应用是工程造价工作电算化的体现,也是行业发展的趋势。课程设置基于工程造价工作过程,面向建设工程造价员职业岗位,以培养学生具备建筑与装饰工程建模算量、工程造价确定的职业核心技能为主线,紧密对接工程造价数字化应用职业技能等级证书考试相关知识与技能要求,以能力为本位,以项目为导向,注重实践育人。课程教学既针对性地培养了学生"精算量、准报价"的专业技能,也提升了学生的职业文化素养,更是为学生今后工程造价确定与控制能力的形成夯实基础。

1.1.3 课程目标

对标工程造价专业人才培养目标,要求学生通过本课程学习,能够应用软件进行建筑与装饰工程建模算量,完成工程造价确定及报价文件编审等工作,达到建设工程造价员职业岗位工作基本要求。课程教学过程注重思政育人,多维度融入思政元素,做到思想引领,德技兼修。

基于工程造价工作过程,依据工程造价专业人才培养方案,对标课程标准以及建设工程造价员职业岗位工作要求,结合当代高职院校学生实际学情分析,确定课程的教学目标,具体如下。

1. 知识目标

(1)掌握软件的使用原理及操作流程;

(2)掌握软件的具体操作方法;

(3)掌握软件的实际运用技巧;

(4)掌握工程造价数字化应用职业技能等级证书考试相关知识。

2. 能力目标

(1)能够用软件进行建筑与装饰工程建模算量;

(2)能够用软件进行工程计价;

(3)能够用软件进行工程经济指标分析;

(4)能够用软件进行工程预结算、招投标编制及造价审核等工作。

3. 思政素质目标

(1)具有正确的世界观、人生观、价值观;

(2)具有良好的职业道德;

(3)具有良好的身心和人文素养;

(4)具有专业必需的职业文化和技能。

1.1.4 课程教学内容

教学内容的设计基于工程造价工作过程,面向建设工程造价员职业岗位,以培养学生具备建筑与装饰工程建模算量、工程造价确定的职业核心技能为主线,紧密对接工程造价数字化应用职业技能等级证书考试中的相关知识与技能要求。课程教学主要包括软件入门、广联达 BIM 土建计量平台 GTJ2021 建模算量实操应用、广联达云计价平台 GCCP6.0 实操应用、工程造价数字化应用职业技能等级证书考试等内容。

1.1.5 课程教学要求

（1）授课教师应具备土建类专业教育背景，了解工程造价工作流程，熟悉工程造价行业现行标准和规范，掌握应用工程造价软件进行建模算量、造价确定的操作方法。

（2）授课教师应及时了解行业发展动态，充分把握课程标准范围内相关理论知识，熟悉工程造价数字化应用职业技能等级证书考试要求。

（3）授课教师应熟练应用各种信息化平台开展混合式教学，主动参与数字化教学资源的开发与应用，积极参与课程建设，推动课程良性发展。

（4）课程应安排在电脑配置符合广联达软件运行要求的机房进行，保证机房网络畅通，实训管理员应协助授课教师做好课程教学相关软件及平台的升级与维护工作。

（5）学生应严格遵守机房上课纪律，谨记电脑安全使用、离开清场还原的要求，保证上课机房整洁卫生。

任务 2 软件入门

知识目标

（1）熟悉软件下载及安装的流程及方法；

（2）熟悉软件更新及卸载的流程及方法；

（3）熟悉软件使用及维护的基本要求及方法。

能力目标

（1）能够独立完成软件的下载及安装；

（2）能够独立完成软件的更新及卸载；

（3）能够独立完成软件的正常使用及维护工作。

思政素质目标

（1）端正学习态度，严谨求学、积极进取；

（2）遵守机房上课的课堂纪律及要求；

（3）养成安全使用电脑的良好行为习惯。

1.2.1 软件下载与安装

（1）下载安装广联达 G＋工作台。

打开网址 https://www.glodon.com/product/282.html，如图 1.2.1 所示，点击"免费下载"将"广联达 G＋工作台"下载保存，在个人电脑上完成安装。

广联达加密锁驱动、广联达 BIM 土建计量平台 GTJ2021、广联达云计价平台 GCCP6.0 等软件都在"广联达 G＋工作台"中下载安装即可。

（2）下载安装广联达加密锁驱动。

打开"广联达 G＋工作台"，如图 1.2.2 所示。在"软件管家"的软件列表中找到"广联达

图 1.2.1

加密锁驱动",点击右侧的"一键安装",在个人电脑上安装"广联达加密锁驱动",安装完成后,可以根据实际情况点击"一键升级"进行"广联达加密锁驱动"的升级,如图 1.2.3 所示。

图 1.2.2

(3)下载安装广联达 BIM 土建计量平台 GTJ2021。

打开"广联达 G+工作台",在"软件管家"的软件列表中找到"广联达 BIM 土建计量平台 GTJ2021",将地区切换为"广东",根据实际情况选择合适的软件版本,点击右侧的"一键安装",在个人电脑上完成"广联达 BIM 土建计量平台 GTJ2021"安装,如图 1.2.4 所示。

图 1.2.3

图 1.2.4

（4）下载安装广联达云计价平台 GCCP6.0。

打开"广联达 G＋工作台"，在"软件管家"的软件列表中找到"广联达云计价平台 GCCP6.0"，将地区切换为"广东"，根据实际情况选择合适的软件版本，点击右侧的"一键安装"，在个人电脑上完成"广联达云计价平台 GCCP6.0"安装，如图 1.2.5 所示。

图 1.2.5

1.2.2 运行软件

(1)加密锁设置。

使用者可以根据实际情况,在"广联达加密锁驱动"中选择"添加网络锁"或"添加云授权"。

添加网络锁:运行软件的电脑应先连接网络锁所在的局域网。左键双击电脑桌面"广联达加密锁驱动"图标打开,点击"加密锁设置",选择"添加网络锁",在弹出的"添加服务器"窗口中正确输入网络锁所在服务器 IP 地址,如图 1.2.6 所示。

图 1.2.6

网络锁添加成功后，"加密锁设置"窗口"状态"显示绿色打钩的标志，如图 1.2.7 所示，表示加密锁可以正常使用了。

图 1.2.7

添加云授权：打开"广联达加密锁驱动"，点击"加密锁设置"，选择"添加云授权"，在弹出的"添加云授权"窗口中正确输入账号和密码，如图 1.2.8 所示。

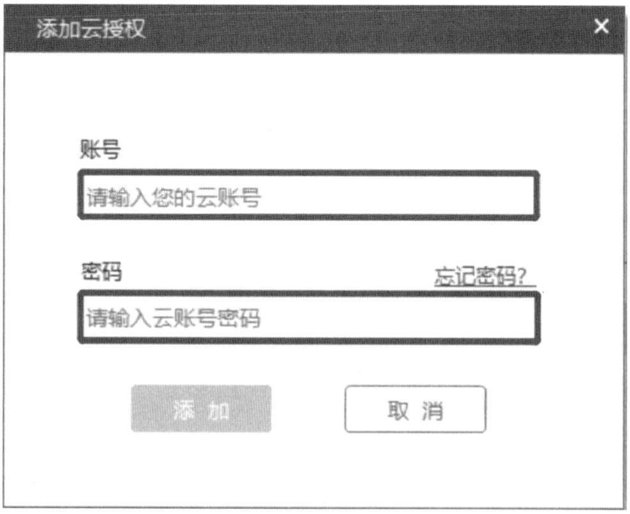

图 1.2.8

云锁需要由教师统一在广联达毕有得官方网站（https：//build.glodonedu.com/）上申请，具体详见本书模块五"5.1.2 云锁申请流程"。注意云锁授权只有北京规则，仅用于 1+X 工程造价数字化应用职业技能等级证书学练及考试。

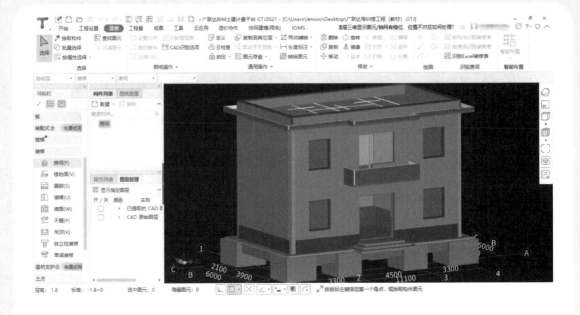

模块二 GTJ2021 手工建模算量

任务 1 新建工程与轴网

知识目标

(1)熟悉软件操作界面和常用功能;

(2)掌握新建工程的方法与流程;

(3)掌握新建轴网、修改轴号与轴距的操作方法和技巧。

能力目标

(1)能够新建 GTJ 工程文件;

(2)能够正确打开和保存 GTJ 工程文件;

(3)能够熟练完成新建轴网、修改轴号与轴距的任务。

思政素质目标

(1)端正态度,勤学多练;

(2)认真细致,知错能改;

(3)善于思考,努力进取。

操作流程

2.1.1 新建工程

鼠标左键双击电脑桌面"广联达 BIM 土建计量平台 GTJ2021"快捷方式图标打开软件,弹出"登录"界面,如图 2.1.1 所示。首次使用者需要点击界面"创建账户"注册账号,再填写注册的账号与密码,即可登录 GTJ2021 平台,也可根据实际需要选择"离线使用"方式登录。

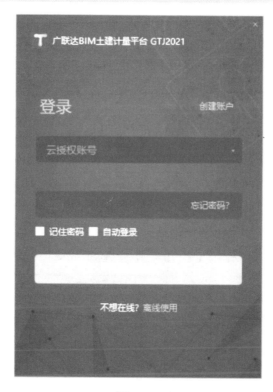

图 2.1.1

【提示】在公共机房电脑上登录广联达 BIM 土建计量平台 GTJ2021 时，建议不要在图 2.1.1 界面勾选"自动登录"，否则下一个使用者登录时将直接按照当前用户的账号和密码进入软件平台。

进入 GTJ2021 平台首页，左侧列表菜单点击"应用中心"可以进行计算规则安装和更新等设置，点击"优秀案例"可以选择真实项目案例学习，点击"课程学习"可以选择 GTJ2021 高阶案例精讲课程学习，右上角点击"已登录账号"可以切换或注销账号，如图 2.1.2 所示。

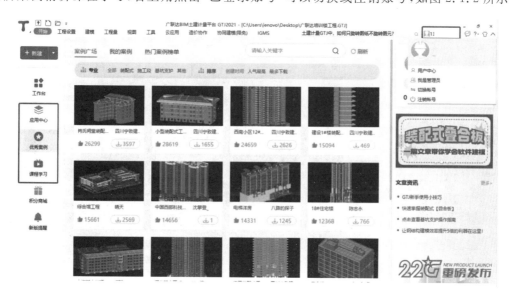

图 2.1.2

点击左上角"新建",进入"新建工程"界面,填写"工程名称",选择"计算规则""清单定额库"以及"钢筋规则",这些信息十分重要且计算规则选择直接影响到工程量准确性,应该认真填写并确保正确。新建"广联达培训楼工程"信息填写,如图2.1.3所示。

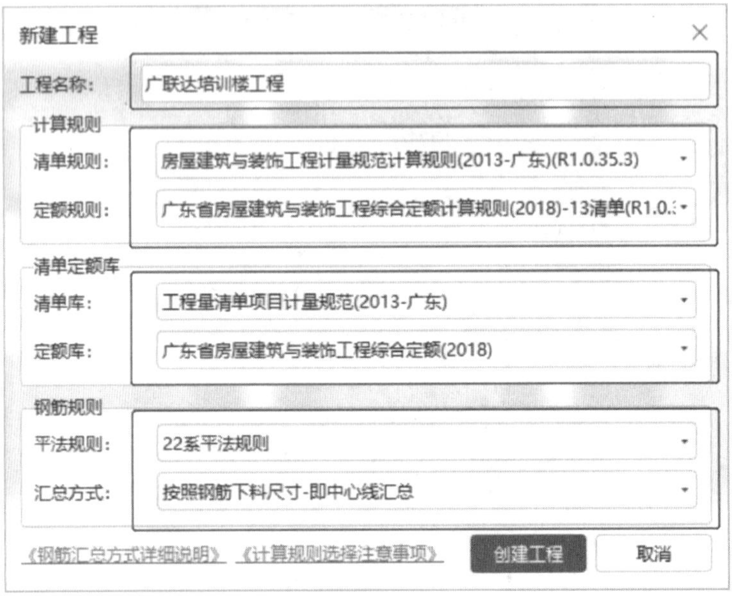

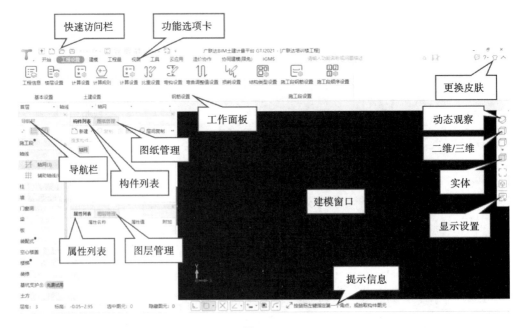

图 2.1.3

2.1.2 GTJ2021 常用功能介绍

点击"新建工程"界面上的"创建工程",进入广联达 BIM 土建计量平台 GTJ2021 建模界面,默认"工程设置"选项卡,界面分区及主要功能如图 2.1.4 所示。

图 2.1.4

（1）导航栏。

"导航栏"在界面左侧工作面板下方,是建模构件选择目录,在建模过程中经常用到。"导航栏"命令设置在"视图"选项卡的"用户界面"中,点击"用户界面"面板的"恢复默认",软件界面就能够恢复到默认状态,如图 2.1.5 所示。

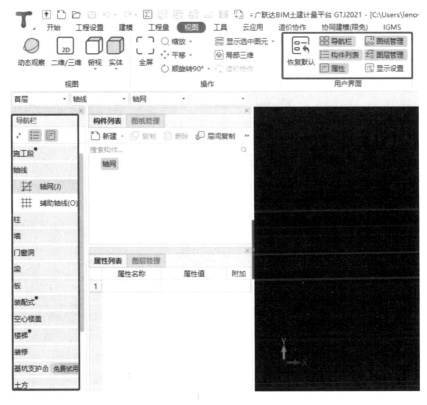

图 2.1.5

（2）构件列表和属性列表。

应用 GTJ2021 建模时,定义好的构件会按顺序排列在"构件列表"中,选中列表中的一个构件,"属性列表"就会显示被选中构件的相应属性选项,可以根据图纸编辑和修改构件的属性值。

（3）图纸管理和图层管理。

应用 GTJ2021 进行 CAD 识别建模时,点击"图纸管理"中的"添加图纸"将 CAD 图纸导入软件,点击"分割"对导入的 CAD 图纸进行自动分割或手动分割,点击"定位"可将图纸轴网与软件建立的轴网对齐。"图层管理"设置有"已提取的 CAD 图层"和"CAD 原始图层"两项命令,可以根据需要勾选使用。

（4）提示信息。

在建模窗口的最下面有"提示信息"栏,建模过程中会实时显示正选中命令的操作提示信息,这是一直伴随在软件学习者身边的"良师益友"。

（5）功能选项卡。

功能选项卡具有多种功能,以屏幕旋转为侧进行说明。"视图"选项卡的操作面板中点击"顺旋转 90°",在下拉列表中选择"顺旋转 90°"或"逆旋转 90°",可以让屏幕顺或逆时针旋转90°,如图2.1.6所示。在建模输入纵向梁原位标注时,可以点击"顺旋转90°"命令使得屏幕发生旋转,方便钢筋标注信息查看和输入。

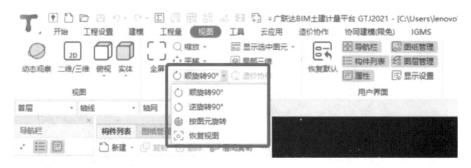

图 2.1.6

(7)显示设置。

在建模过程中,当窗口显示构件图元数量过多时,往往会影响工作效率,此时可以点击"视图"选项卡的"操作"面板中的"显示选中图元"命令,如图2.1.7所示,或点击建模窗口右侧"显示设置"快捷命令,可以把暂时不需要显示的构件图元隐藏起来,为了方便检查,也可以把图元名称显示在相应构件上。

图 2.1.7

【提示】在建模过程中,可以通过在键盘上按下"导航栏"列表中构件名称后面括弧内的大写字母来快速隐藏和显示此构件图元。比如按下柱名称后面括弧内大写字母"Z",建模窗口的柱图元就会隐藏起来,再次按下"Z"柱图元就会显示出来。

2.1.3 GTJ2021 文件管理功能

点击GTJ2021主界面左上角 T 图标,在下拉列表中显示有"新建窗口""新建工程""打开""另存为"等常用文件管理功能选项,如图2.1.8所示。

(1)合并工程。

点击"合并工程"可以选择需要合并的楼层及构件。在企业工程造价工作中,实际工程项目规模大,楼层多且构件繁杂,加上工作时间紧,往往一个工程项目的建模工作需要多人分工进行,各自完成任务后再将模型合并,最后形成完整的项目模型图。

(2)导入与导出。

点击"导入",可以选择"GFC"(从 Revit 导出)、"GFC2.1"(从 GTJ2021 导出)或"gshmd"(从 GTJ2021 导出)工程文件进行导入。

图 2.1.8

点击"导出"，可以选择按"GFC""IFC"或"gshmd"导出工程文件。

【提示】点击"导出"，在下拉列表中选择"导出工程"，可以修改新建工程时选择的计算规则、清单定额库以及钢筋规则，如图 2.1.9 所示。

导出	×

工程名称：　广联达培训楼工程(导出)

计算规则

清单规则：　房屋建筑与装饰工程计量规范计算规则(2013-广东)(R1.0.35.3)　▾

定额规则：　广东省房屋建筑与装饰工程综合定额计算规则(2018)-13清单(R1.0.▾

　　无
　　广东省房屋建筑工程概算定额计算规则(2014)(R1.0.35.3)
　　广东省房屋建筑与装饰工程综合定额计算规则(2018)-13清单(R1.0.35.3)
　　广东省建筑工程综合定额计算规则 (2006)-08清单(R1.0.35.3)
　　广东省建筑工程综合定额计算规则(2001)(R1.0.35.3)
　　广东省建筑工程综合定额计算规则(2003)(R1.0.35.3)
　　广东省建筑工程综合定额计算规则(2006)(R1.0.35.3)
　　广东省建筑与装饰工程综合定额计算规则(2010)(R1.0.35.3)
　　广东省建筑与装饰工程综合定额计算规则(2010)-13清单(R1.0.35.3)
　　广联达建筑与装饰工程量计量定额计算规则

清单定额库

清单库：

定额库：

钢筋规则

平法规则：

汇总方式：

☑ 导出做法

提示：工程保存时会以这里所输入的工程名称做为默认的文件名。

导出　　取消

图 2.1.9

（3）选项。

点击文件管理功能列表中的"选项"，可以根据需要在弹出界面左侧选择相应选项命令进行设置，比如选择"文件"选项，可以修改"自动提示保存间隔"时间为30分钟、60分钟等，还可以设置"备份文件保存路径"和"备份文件保留天数"，如图2.1.10所示。

图 2.1.10

2.1.4　工程设置

（1）工程信息。

点击"基本设置"面板中的"工程信息"进行广联达培训楼工程信息设置，"工程信息"界面蓝色显示的属性值尤为重要，务必要正确输入，否则会影响相应工程量的准确性，如图2.1.11所示。

单击"工程信息"界面中的"计算规则"，修改"钢筋报表"属性值，如图2.1.12所示。

（2）楼层设置。

点击"基本设置"面板中的"楼层设置"进行项目楼层设置，"楼层名称"列表选中首层，点击"插入楼层"可插入地上楼层（第2层、第3层等），改为选中基础层，则可插入地下楼层（第−1层、第−2层等）。如果项目有标准楼层，在"相同层数"列输入层数，对应"编码"会自动修改为标准层对应数字。点击"删除楼层"可以删除当前选中的楼层，但是不能删除基础层、首层和已经建立构件图元的楼层，点击"上移"或"下移"可以将当前选中楼层上下移动。在楼层列表左侧的复选框内打钩，表示把该楼层设置为首层，只有首层的底标高可以修改，其他楼层底标高不可修改。广联达培训楼工程楼层设置如图2.1.13所示。

图 2.1.11

工程信息

工程信息　计算规则　编制信息　自定义

	属性名称	属性值
1	清单规则:	房屋建筑与装饰工程计量规范计算规则(2013-广东)(R1.0.35.3)
2	定额规则:	广东省房屋建筑与装饰工程综合定额计算规则(2018)-13清单(R1.0.35.3)
3	平法规则:	22系平法规则
4	清单库:	工程量清单项目计量规范(2013-广东)
5	定额库:	广东省房屋建筑与装饰工程综合定额(2018)
6	钢筋损耗:	不计算损耗
7	钢筋报表:	广东(2018)
8	钢筋汇总方式:	按照钢筋下料尺寸-即中心线汇总

图 2.1.12

楼层设置

单项工程列表

＋添加　🗑删除

楼层列表（基础层和标准层不能设置为首层。设置首层后，楼层编码自动变化，正数为地上层，负数为地下层，

广联达培训楼工程

🔲插入楼层　🔅删除楼层　　↑上移　↓下移

首层	编码	楼层名称	层高(m)	底标高(m)	相同层数	板厚(mm)	建筑面积(m²)
☐	3	第3层	0.6	7.2	1	120	(0)
☐	2	第2层	3.6	3.6	1	120	(78.136)
☑	1	首层	3.6	0	1	120	(75.4)
☐	0	基础层	1.8	-1.8	1	500	(0)

图 2.1.13

在"楼层设置"界面选择不同楼层分别修改"混凝土强度等级"和"保护层厚度"属性值,如果多个楼层的混凝土强度等级和保护层厚度相同,可以点击"复制到其他楼层"进行快速修改,如图 2.1.14 所示。对于"锚固"和"搭接"的相关参数,软件会根据工程信息中输入的抗震等级和设防烈度自动修改,其他数据一般不做修改。

楼层混凝土强度和锚固搭接设置(广联达培训楼工程 首层, 0.00 ~ 3.60 m

	抗震等级	混凝土强度等级	混凝土类型	砂浆标号	保护层厚度(mm)	备注
基础	(非抗震)	C30	混凝土20石	M7.5	(40)	包含所有的基…
基础梁/承台梁	(三级抗震)	C30	混凝土20石		(40)	包含基础主梁…
柱	(三级抗震)	C25	混凝土20石	M7.5	(25)	包含框架柱、…
剪力墙	(三级抗震)	C25	混凝土20石		(20)	剪力墙、预制墙
人防门框墙	(三级抗震)	C25	混凝土20石		(20)	人防门框墙
暗柱	(三级抗震)	C25	混凝土20石		(20)	包含暗柱、约…
端柱	(三级抗震)	C25	混凝土20石		(25)	端柱
墙梁	(三级抗震)	C25	混凝土20石		(25)	包含连梁、暗…
框架梁	(三级抗震)	C25	混凝土20石		(25)	包含楼层框架…
非框架梁	(非抗震)	C25	混凝土20石		(25)	包含非框架梁…
现浇板	(非抗震)	C25	混凝土20石		(20)	包含现浇板、…
楼梯	非抗震	C25	混凝土20石		20	包含楼梯、直…
构造柱	(三级抗震)	C25	混凝土20石		(25)	构造柱
圈梁/过梁	(三级抗震)	C25	混凝土20石		(25)	包含圈梁、过梁…
砌体墙柱	(非抗震)	C25	S6-S8防水…	M7.5	(25)	包含砌体柱、…
其他	(非抗震)	C25	混凝土20石	M7.5	(25)	包含除以上构…

基本锚固设置　复制到其他楼层　恢复默认值(D)　导入钢筋设置

图 2.1.14

(3)土建设置。

"土建设置"面板有"计算设置"和"计算规则"两个选项,如果修改了其中的计算设置,工程的土建工程量就会按照修改后的方式进行计算。土建设置会自动根据新建工程时选择的清单和定额计算规则进行正确设置,一般不需要修改。

(4)钢筋设置。

"钢筋设置"面板中常用的选项是"计算设置""比重设置"和"弯钩设置"三项,如图 2.1.15 所示。

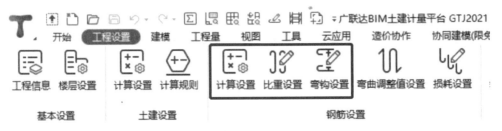

图 2.1.15

点击"钢筋设置"面板中的"计算设置",进入界面点击"计算规则"后,根据工程图纸修改各构件的计算规则,比如修改"柱/墙柱在基础插筋锚固区内的箍筋数量"为"2",修改后的设置值底色会改变,如图 2.1.16 所示。

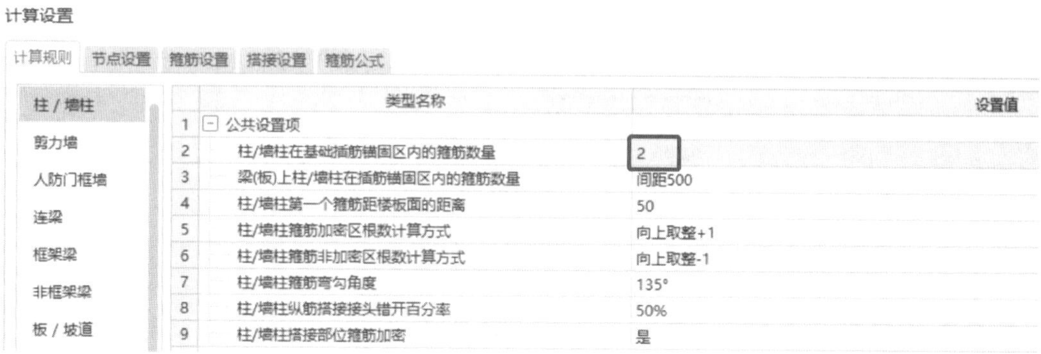

计算设置

计算规则　节点设置　箍筋设置　搭接设置　箍筋公式

柱 / 墙柱		类型名称	设置值
剪力墙	1	⊟ 公共设置项	
	2	柱/墙柱在基础插筋锚固区内的箍筋数量	2
人防门框墙	3	梁(板)上柱/墙柱在插筋锚固区内的箍筋数量	间距500
连梁	4	柱/墙柱第一个箍筋距楼板面的距离	50
框架梁	5	柱/墙柱箍筋加密区根数计算方式	向上取整+1
	6	柱/墙柱箍筋非加密区根数计算方式	向上取整-1
非框架梁	7	柱/墙柱箍筋弯勾角度	135°
板 / 坡道	8	柱/墙柱纵筋搭接接头错开百分率	50%
	9	柱/墙柱搭接部位箍筋加密	是

图 2.1.16

在"计算设置"界面点击"搭接设置",根据图纸修改钢筋的连接形式,如图 2.1.17 所示。

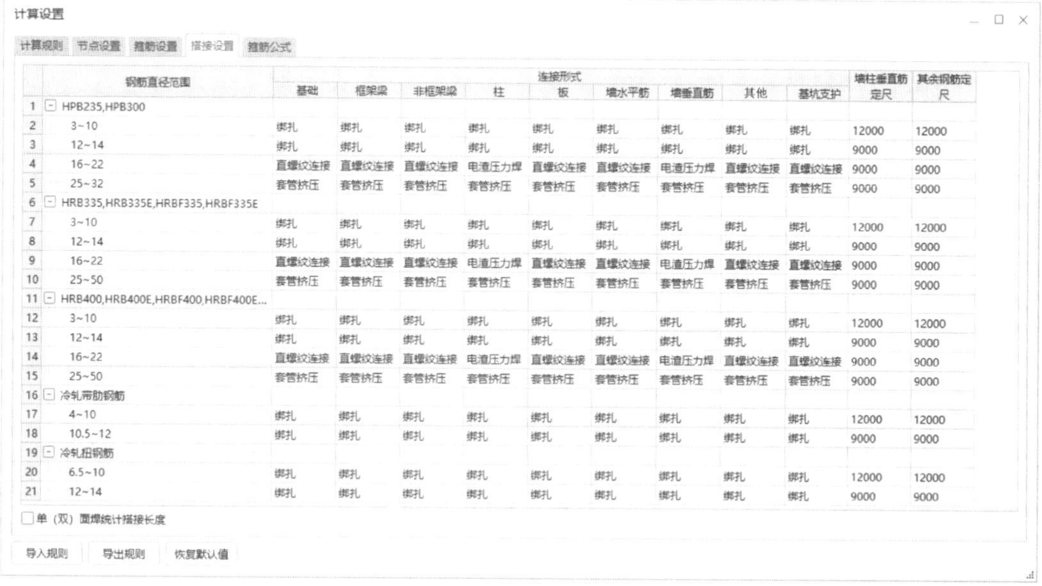

计算设置　— □ ×

计算规则　节点设置　箍筋设置　搭接设置　箍筋公式

	钢筋直径范围	连接形式									墙柱垂直筋定尺	其余钢筋定尺
		基础	框架梁	非框架梁	柱	板	墙水平筋	墙垂直筋	其他	基坑支护		
1	⊟ HPB235,HPB300											
2	3~10	绑扎	绑扎	绑扎	绑扎	绑扎	绑扎	绑扎	绑扎	绑扎	12000	12000
3	12~14	绑扎	绑扎	绑扎	绑扎	绑扎	绑扎	绑扎	绑扎	绑扎	9000	9000
4	16~22	直螺纹连接	直螺纹连接	直螺纹连接	直螺纹连接	直螺纹连接	电渣压力焊	直螺纹连接	直螺纹连接	直螺纹连接	9000	9000
5	25~32	套管挤压	套管挤压	套管挤压	套管挤压	套管挤压	套管挤压	套管挤压	套管挤压	套管挤压	9000	9000
6	⊟ HRB335,HRB335E,HRBF335,HRBF335E											
7	3~10	绑扎	绑扎	绑扎	绑扎	绑扎	绑扎	绑扎	绑扎	绑扎	12000	12000
8	12~14	绑扎	绑扎	绑扎	绑扎	绑扎	绑扎	绑扎	绑扎	绑扎	9000	9000
9	16~22	直螺纹连接	直螺纹连接	直螺纹连接	电渣压力焊	直螺纹连接	直螺纹连接	电渣压力焊	直螺纹连接	直螺纹连接	9000	9000
10	25~50	套管挤压	套管挤压	套管挤压	套管挤压	套管挤压	套管挤压	套管挤压	套管挤压	套管挤压	9000	9000
11	⊟ HRB400,HRB400E,HRBF400,HRBF400E...											
12	3~10	绑扎	绑扎	绑扎	绑扎	绑扎	绑扎	绑扎	绑扎	绑扎	12000	12000
13	12~14	绑扎	绑扎	绑扎	绑扎	绑扎	绑扎	绑扎	绑扎	绑扎	9000	9000
14	16~22	直螺纹连接	直螺纹连接	直螺纹连接	电渣压力焊	直螺纹连接	直螺纹连接	电渣压力焊	直螺纹连接	直螺纹连接	9000	9000
15	25~50	套管挤压	套管挤压	套管挤压	套管挤压	套管挤压	套管挤压	套管挤压	套管挤压	套管挤压	9000	9000
16	⊟ 冷轧带肋钢筋											
17	4~10	绑扎	绑扎	绑扎	绑扎	绑扎	绑扎	绑扎	绑扎	绑扎	12000	12000
18	10.5~12	绑扎	绑扎	绑扎	绑扎	绑扎	绑扎	绑扎	绑扎	绑扎	9000	9000
19	⊟ 冷轧扭钢筋											
20	6.5~10	绑扎	绑扎	绑扎	绑扎	绑扎	绑扎	绑扎	绑扎	绑扎	12000	12000
21	12~14	绑扎	绑扎	绑扎	绑扎	绑扎	绑扎	绑扎	绑扎	绑扎	9000	9000

☐ 单(双)面焊统计搭接长度

导入规则　导出规则　恢复默认值

图 2.1.17

点击"钢筋设置"面板中的"比重设置",进入界面后点击"普通钢筋",根据实际情况可以修改各种不同直径钢筋的比重,比如通常需要把直径为 6 mm 的钢筋比重改为"0.26",其他直径的钢筋比重一般不需要修改,如图 2.1.18 所示。

点击"钢筋设置"面板中的"弯钩设置",进入界面后将"箍筋弯钩平直段按照"勾选为"图元抗震考虑",如图 2.1.19 所示。

比重设置

| | 普通钢筋 | 冷轧带肋钢筋 | 冷轧扭钢筋 | 预应力钢绞线 | 预应力钢丝 | 桁架钢筋 |

	直径(mm)	钢筋比重(kg/m)
1	3	0.055
2	4	0.099
3	5	0.154
4	6	0.26
5	6.5	0.26
6	7	0.302
7	8	0.395
8	9	0.499
9	10	0.617
10	12	0.888
11	14	1.21
12	16	1.58

普通钢筋在软件中的表示方法:
A: HPB235 或 HPB300
B: HRB335
BE: HRB335E
BF: HRBF335
BFE: HRBF335E
C: HRB400
CE: HRB400E
CF: HRBF400
CFE: HRBF400E
D: RRB400
E: HRB500
EE: HRB500E
EF: HRBF500
EFE: HRBF500E

图 2.1.18

弯钩设置

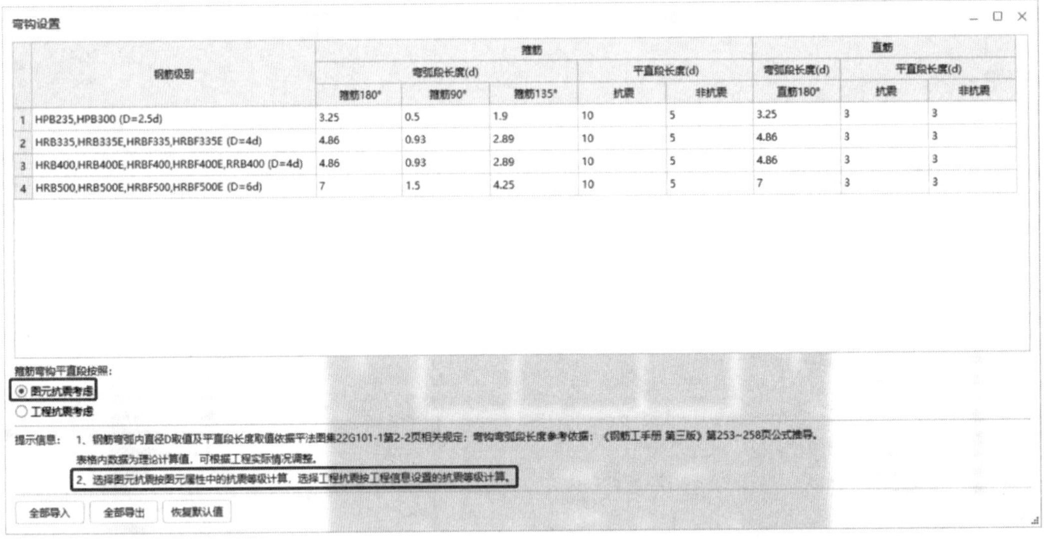

钢筋级别	箍筋					直筋			
	弯弧段长度(d)			平直段长度(d)		弯弧段长度(d)		平直段长度(d)	
	箍筋180°	箍筋90°	箍筋135°	抗震	非抗震	直筋180°	抗震	非抗震	
1 HPB235,HPB300 (D=2.5d)	3.25	0.5	1.9	10	5	3.25	3	3	
2 HRB335,HRB335E,HRBF335 (D=4d)	4.86	0.93	2.89	10	5	4.86	3	3	
3 HRB400,HRB400E,HRBF400,HRBF400E,RRB400 (D=4d)	4.86	0.93	2.89	10	5	4.86	3	3	
4 HRB500,HRB500E,HRBF500,HRBF500E (D=6d)	7	1.5	4.25	10	5	7	3	3	

箍筋弯钩平直段按照:
◉ 图元抗震考虑
○ 工程抗震考虑

提示信息: 1. 钢筋弯弧内直径D取值及平直段长度取值依据平法图集22G101-1第2-2页相关规定;弯钩弯弧段长度参考依据:《钢筋工手册 第三版》第253~258页公式推导,表格内数据为理论计算值,可根据工程实际情况调整。
2. 选择图元抗震按图元属性中的抗震等级计算,选择工程抗震按工程信息设置的抗震等级计算。

全部导入 全部导出 恢复默认值

图 2.1.19

2.1.5 新建轴网

点击"建模"选项卡进入建模界面,默认当前楼层为"首层",可以根据实际修改为其他楼层。点击"通用操作"面板中的"定义"或双击"导航栏"列表中的"轴网"进入轴网定义界面。点击"构件列表"面板中的"新建",根据项目图纸,选择"新建正交轴网",修改"名称"为"轴网-1",如图 2.1.20 所示。

分别单击选择"下开间"和"左进深",根据项目图纸从"常用值"中双击选择轴网的开间和进深值,当"常用值"中没有合适的数值时,可以在编辑框内自行输入,然后点击"添加",如图 2.1.21 所示。

图 2.1.20

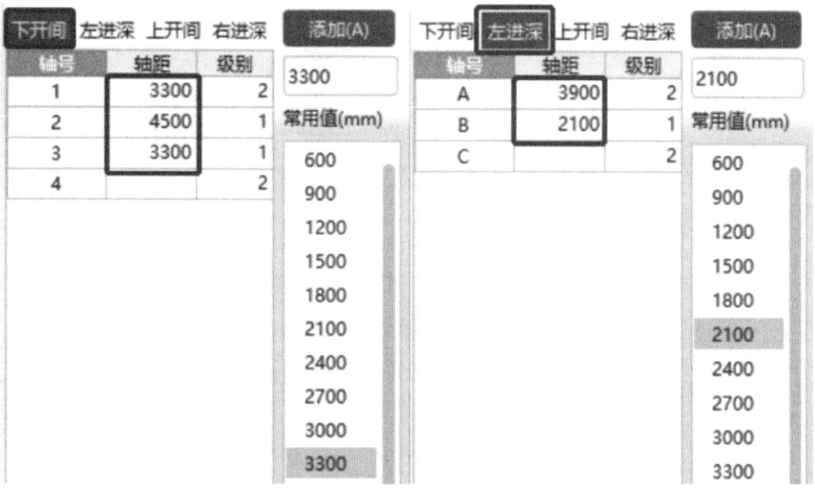

图 2.1.21

点击界面右上角的"×"关闭定义窗口,返回建模界面,此时会自动弹出"请输入角度"提示框,如图 2.1.22 所示。

根据项目图纸,正交轴网角度为"0"无须修改,如果是斜交轴网则要根据实际修改角度值,点击"确定"自动生成正交轴网,如图 2.1.23 所示。

在"轴网二次编辑"面板中单击"修改轴号位置",按住鼠标左键框选建模窗口中的轴网,单击鼠标右键确认,在自动弹出的"修改轴号位置"提示框中选择"两端标注",如图 2.1.24 所示。

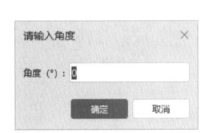

图 2.1.22

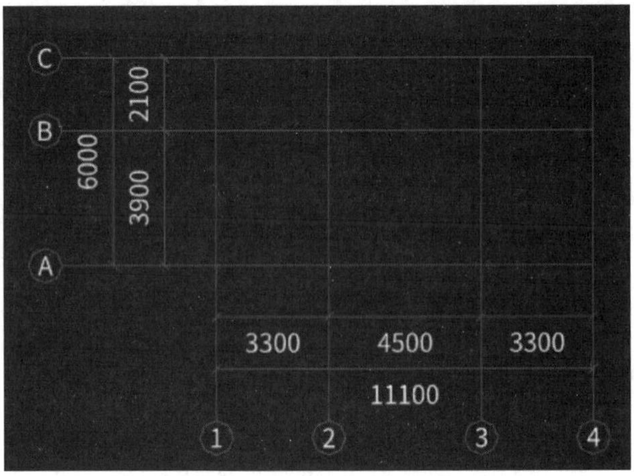

图 2.1.23

图 2.1.24

点击"确定"生成两端都有标注的正交轴网,如图 2.1.25 所示。

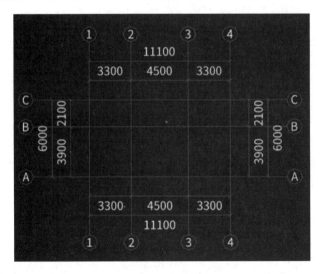

图 2.1.25

2.1.6　文件保存

在快速访问栏点击"保存"按钮,可以将 GTJ 工程保存为本地文件,或者点击界面左上角 T 图标,在下拉列表中选择"另存为",在弹出的"另存为"窗口左侧选择"个人空间",可以根据需要在"个人云空间"自行新建文件夹,点击窗口下方的"保存"将 GTJ 工程上传到个人空间,如图 2.1.26 所示。下次登录 GTJ2021 软件,只要使用与当前一致的账号,便可以自行下载或直接打开保存在个人空间的 GTJ 文件。

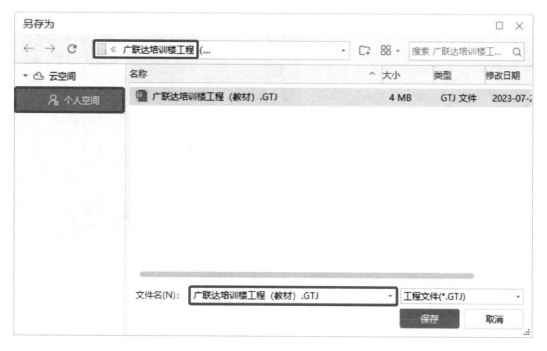

图 2.1.26

任务 2　首层柱建模算量

知识目标

(1)掌握应用广联达 GTJ2021 软件进行柱建模算量的操作流程及方法;

(2)巩固并深化柱清单定额工程量计算规则的核心知识;

(3)掌握工程造价数字化应用职业技能等级证书考试中的柱建模算量相关知识。

能力目标

(1)能熟练应用广联达 GTJ2021 软件进行柱建模算量;

(2)能应用三维视图、云检查、云指标以及云对比等方法进行工程量核查纠错;

(3)能自主发现更多关于柱建模算量的软件应用技巧。

思政素质目标

(1)树立积极进取的主观学习思想;

(2)发扬善于思考、知错能改的学习精神;

(3)培养认真细致、团队协作的职业素养。

操作流程

2.2.1 首层柱定义

建模状态下，楼层选择首层。鼠标左键双击"导航栏"下拉列表中的"柱"进入定义界面，点击"构件列表"面板中的"新建"，根据项目图纸，选择"新建矩形柱"，修改"名称"为"KZ-1"，如图 2.2.1 所示。

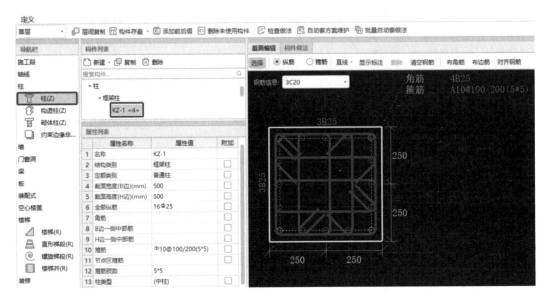

图 2.2.1

根据项目图纸修改"属性列表"KZ-1 的属性值，如图 2.2.2 所示，也可以直接在右边"截面编辑"窗口修改 KZ-1 的钢筋信息。

	属性名称	属性值	附加
1	名称	KZ-1	
2	结构类别	框架柱	☐
3	定额类别	普通柱	☐
4	截面宽度(B边)(mm)	500	
5	截面高度(H边)(mm)	500	
6	全部纵筋	16Φ25	
7	角筋		☐
8	B边一侧中部筋		☐
9	H边一侧中部筋		☐
10	箍筋	Φ10@100/200(5*5)	
11	节点区箍筋		☐
12	箍筋肢数	5*5	
13	柱类型	(中柱)	☐
14	材质	商品混凝土	☐

	属性名称	属性值	附加
15	混凝土类型	(混凝土20石)	☐
16	混凝土强度等级	(C25)	☐
17	混凝土外加剂	(无)	
18	泵送类型	(混凝土泵)	
19	泵送高度(m)		
20	截面面积(m²)	0.25	☐
21	截面周长(m)	2	
22	顶标高(m)	层顶标高	
23	底标高(m)	层底标高	
24	备注		☐
25	⊞ 钢筋业务属性		
43	⊞ 土建业务属性		
49	⊞ 显示样式		

图 2.2.2

【提示】在 GTJ2021 软件中钢筋级别符号的输入方式："一级"输入"A"或"a"表示；"二级"输入"B"或"b"表示；"三级"输入"C"或"c"表示；"四级"输入"D"或"d"表示。

在定义界面点击"构件做法",在"查询匹配清单"列表中选择正确的清单项目,在"项目特征"编辑窗口填写项目特征值,正确选择或填写清单"工程量表达式",如果为空则无法计算清单工程量。在"查询匹配定额"列表中选择正确的定额子目,正确选择或填写定额"工程量表达式",如果为空则无法计算定额工程量。KZ-1 构建做法如图 2.2.3 所示。

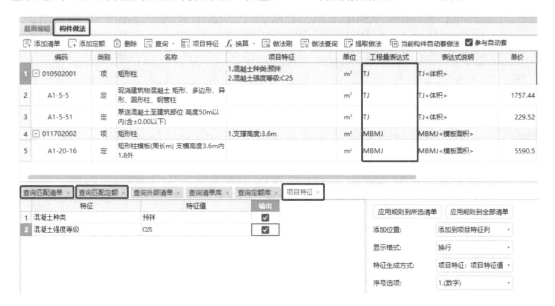

图 2.2.3

【提示】如果需要的构件做法在"查询匹配清单"和"查询匹配定额"中没有,则改为在"查询清单库"和"查询定额库"中查询。

鼠标左键选中 KZ-1,点击"构件列表"面板中的"复制",将 KZ-1 复制为 KZ-2,根据项目图纸修改"属性列表"KZ-2 的属性值,如图 2.2.4 所示。

	属性名称	属性值	附加		属性名称	属性值	附加
1	名称	KZ-2		15	混凝土类型	(混凝土20石)	
2	结构类别	框架柱		16	混凝土强度等级	(C25)	
3	定额类别	普通柱		17	混凝土外加剂	(无)	
4	截面宽度(B边)(...	400		18	泵送类型	(混凝土泵)	
5	截面高度(H边)(...	500		19	泵送高度(m)		
6	全部纵筋	14Φ25		20	截面面积(m²)	0.25	
7	角筋			21	截面周长	2	
8	B边一侧中部筋			22	顶标高(m)	层顶标高	
9	H边一侧中部筋			23	底标高(m)	层底标高	
10	箍筋	Φ10@100/200(4*5)		24	备注		
11	节点区箍筋			25	+ 钢筋业务属性		
12	箍筋胶数	4*5		43	+ 土建业务属性		
13	柱类型	(中柱)		49	+ 显示样式		
14	材质	商品混凝土					

图 2.2.4

修改 KZ-2 的构件做法,如图 2.2.5 所示。

鼠标左键选中 KZ-2,点击"构件列表"面板中的"复制",将 KZ-2 复制为 KZ-3,根据项目

图 2.2.5

图纸修改"属性列表"KZ-3 的属性值,如图 2.2.6 所示。KZ-3 的构件做法与 KZ-2 相同,无须修改。

图 2.2.6

鼠标左键选中 KZ-3,点击"构件列表"面板中的"复制",将 KZ-3 复制为 TZ1,根据项目图纸修改"属性列表"中 TZ1 的属性值,如图 2.2.7 所示。

图 2.2.7

修改 TZ1 的构件做法，如图 2.2.8 所示。

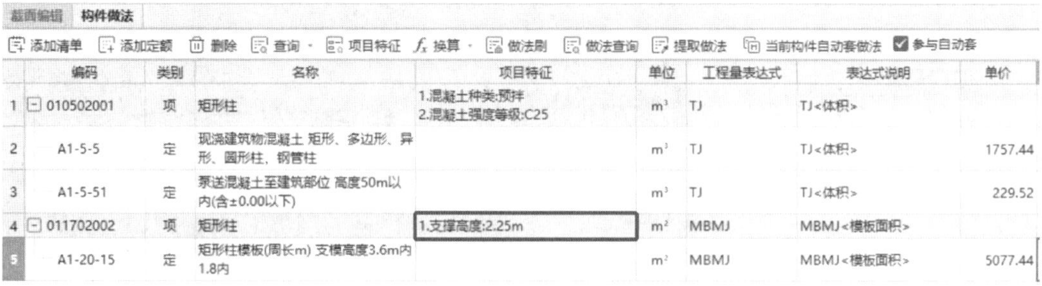

	编码	类别	名称	项目特征	单位	工程量表达式	表达式说明	单价
1	010502001	项	矩形柱	1.混凝土种类:预拌 2.混凝土强度等级:C25	m³	TJ	TJ<体积>	
2	A1-5-5	定	现浇建筑物混凝土 矩形、多边形、异形、圆形柱、钢管柱		m³	TJ	TJ<体积>	1757.44
3	A1-5-51	定	泵送混凝土至建筑部位 高度50m以内(含±0.00以下)		m³	TJ	TJ<体积>	229.52
4	011702002	项	矩形柱	1.支撑高度:2.25m	m²	MBMJ	MBMJ<模板面积>	
5	A1-20-15	定	矩形柱模板(周长m) 支模高度3.6m内 1.8内		m²	MBMJ	MBMJ<模板面积>	5077.44

图 2.2.8

鼠标左键选中 TZ-1，点击“构件列表”面板中的“复制”，将 TZ1 复制为 TZ2，根据项目图纸修改“属性列表”中 TZ2 的属性值，如图 2.2.9 所示。

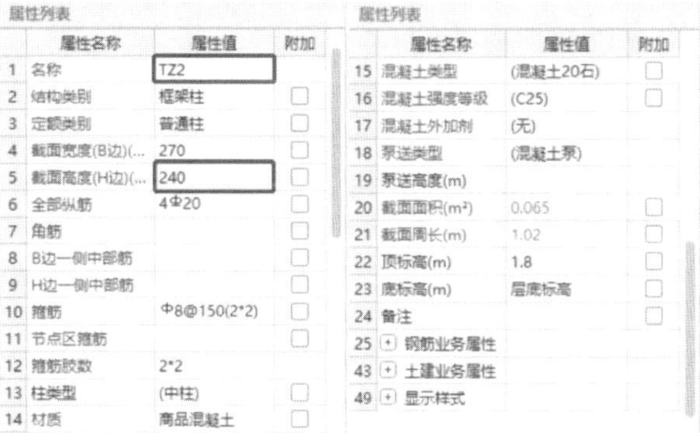

	属性名称	属性值	附加
1	名称	TZ2	
2	结构类别	框架柱	☐
3	定额类别	普通柱	☐
4	截面宽度(B边)(...	270	☐
5	截面高度(H边)(...	240	☐
6	全部纵筋	4⌀20	☐
7	角筋		☐
8	B边一侧中部筋		☐
9	H边一侧中部筋		☐
10	箍筋	⌀8@150(2*2)	☐
11	节点区箍筋		☐
12	箍筋肢数	2*2	
13	柱类型	(中柱)	☐
14	材质	商品混凝土	☐
15	混凝土类型	(混凝土20石)	☐
16	混凝土强度等级	(C25)	☐
17	混凝土外加剂	(无)	
18	泵送类型	(混凝土泵)	
19	泵送高度(m)		
20	截面面积(m²)	0.065	☐
21	截面周长(m)	1.02	☐
22	顶标高(m)	1.8	☐
23	底标高(m)	层底标高	☐
24	备注		☐
25	+ 钢筋业务属性		
43	+ 土建业务属性		
49	+ 显示样式		

图 2.2.9

修改 TZ2 的构件做法，如图 2.2.10 所示。

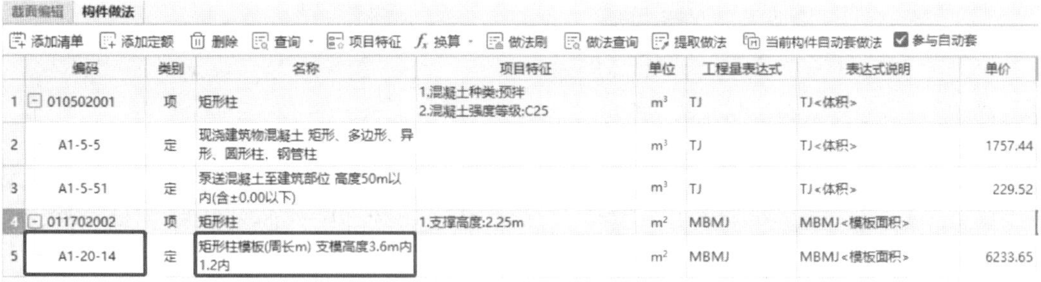

	编码	类别	名称	项目特征	单位	工程量表达式	表达式说明	单价
1	010502001	项	矩形柱	1.混凝土种类:预拌 2.混凝土强度等级:C25	m³	TJ	TJ<体积>	
2	A1-5-5	定	现浇建筑物混凝土 矩形、多边形、异形、圆形柱、钢管柱		m³	TJ	TJ<体积>	1757.44
3	A1-5-51	定	泵送混凝土至建筑部位 高度50m以内(含±0.00以下)		m³	TJ	TJ<体积>	229.52
4	011702002	项	矩形柱	1.支撑高度:2.25m	m²	MBMJ	MBMJ<模板面积>	
5	A1-20-14	定	矩形柱模板(周长m) 支模高度3.6m内 1.2内		m²	MBMJ	MBMJ<模板面积>	6233.65

图 2.2.10

2.2.2 首层柱建模

(1)导入及定位 CAD 图纸。

关闭定义界面，返回柱建模界面，点击“图纸管理”选择“添加图纸”，找到“广联达培训楼工程”CAD 图纸储存位置，左键双击图纸便将其导入 GTJ2021 软件了，如图 2.2.11 所示。

在“图纸管理”面板中点击“分割”，在下拉列表中选择“自动分割”，建模窗口中的广联达培训楼工程图纸就会按照对应楼层分割并整理，如图 2.2.12 所示。

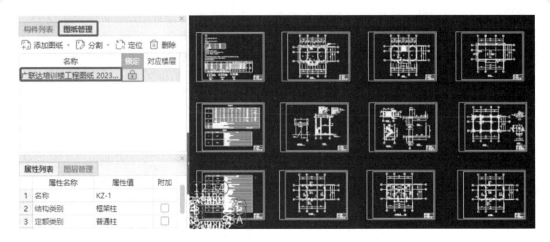

图 2.2.11

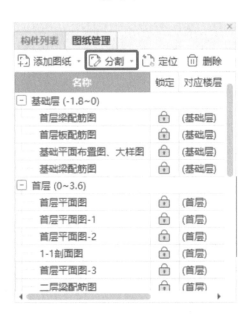

图 2.2.12

在图纸"名称"列表中找到"柱定位及配筋图",双击打开,点击"图纸管理"面板中的"定位",鼠标左键捕捉图纸的 1 轴与 A 轴交点,将其拖曳到软件轴网的 1 轴与 A 轴交点,单击鼠标左键完成图纸定位,如图 2.2.13 所示。

（2）框架柱绘制。

绘制柱图元常用的方法有两种,一是在"绘图"面板中的画法,二是在"智能布置"面板中的"智能布置"画法,如图 2.2.14 所示。

在"构件列表"中单击选择 KZ-1,"绘图"面板选择"点"画法,由于图纸中的 KZ-1 是角柱,柱的中心点位于轴线交点,移动鼠标左键分别在轴网四个角的轴线交点单击,完成 KZ-1 的绘制。在"构件列表"中切换柱构件为 KZ-2,在"智能布置"面板中点击"智能布置",在下拉列表中选择"轴线",由于图纸中的 KZ-2 是边柱,柱的中心点位于轴线交点,按住鼠标左键点选或框选（可以同时选中多个轴线交点）KZ-2 所在的轴线交点,完成 KZ-2 的绘制。中柱 KZ-3 的绘制方法同 KZ-2。

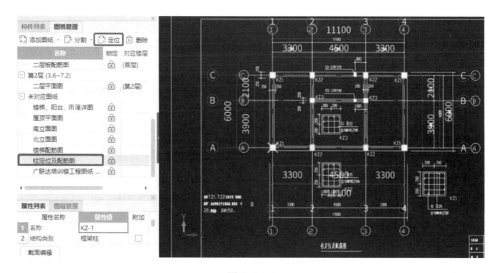

图 2.2.13

图 2.2.14

（3）梯柱绘制。

在"构件列表"中切换柱构件为 TZ1，"绘图"面板选择"点"画法，此时光标捕捉的插入点为 TZ1 中心点，TZ1 不在轴线交点上，可以借助 CAD 图纸 TZ1 图元的边线来绘制，键盘上按下 F4 键（手提电脑同时按下 Fn＋F4 键），改变 TZ1 的插入点为左下角点，移动鼠标左键将 TZ1 拖曳到图纸所在位置，单击其左下角点，完成 TZ1 的绘制。TZ2 的绘制方法同 TZ1。

（4）柱的二维/三维图示。

在"图纸管理"面板中取消勾选"已提取的 CAD 图层"和"CAD 原始图层"左侧复选框，建模窗口中显示绘制好的首层柱图元如图 2.2.15 所示。

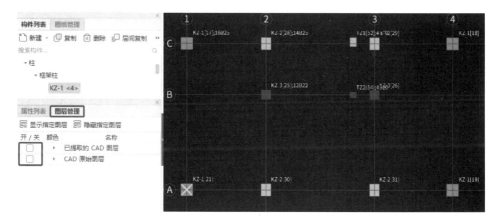

图 2.2.15

点击建模窗口右侧悬浮栏的"动态观察",按住鼠标左键并在窗口中上下左右移动,即可观看到首层柱的三维效果图,如图 2.2.16 所示。如果需要切换为二维图状态,点击悬浮栏的"2D"即可。

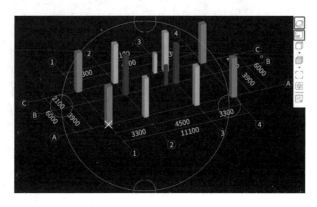

图 2.2.16

2.2.3 柱工程量计算

(1)汇总计算。

点击快速访问栏中的"汇总计算"按钮,或"工程量"选项卡下的"汇总"面板中的"汇总计算"选项,或直接在键盘上按快捷键 F9(手提电脑同时按下 Fn+F9 键),在弹出的"汇总计算"窗口内根据需要可以勾选全楼或某一楼层的某一构件进行计算,然后点击"确定"即开始汇总计算。此处选择勾选"首层"中的"柱",如图 2.2.17 所示。

图 2.2.17

【提示】对话框下方的"土建计算""钢筋计算"和"表格输入"默认为全部勾选,也可以根据需要自行取舍。

如果只需要计算某一个构件,则在建模窗口用鼠标左键单击选中该构件,在弹出的列表中选择"汇总选中图元"或点击"工程量"选项卡下的"汇总"面板中的"汇总选中图元",即可快速计算其工程量,如图 2.2.18 所示。

图 2.2.18

(2)土建计算结果。

土建计算结果是指构件除钢筋以外的其他工程量。在"工程量"选项卡下的"土建计算结果"面板上设置有"查看计算式"和"查看工程量"两个功能,如图 2.2.19 所示。

图 2.2.19

在建模窗口选中任意一个 KZ-1,点击"查看计算式",在弹出的"查看工程量计算式"窗口中可以选择点击查看"清单工程量"或"定额工程量",如图 2.2.20 所示。点击窗口下方的"查看计算规则",可显示柱工程量计算过程与其他相连接构件的扣减关系。

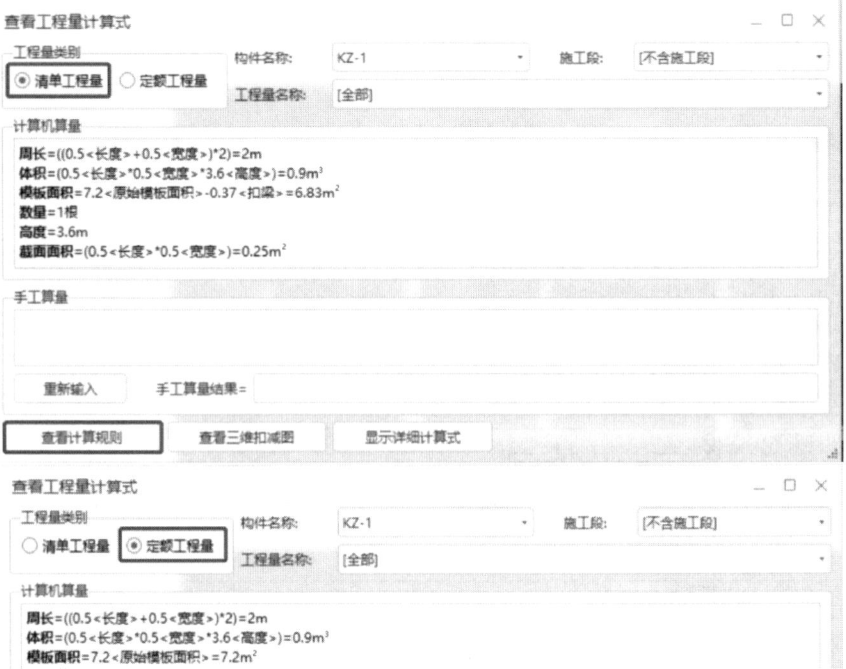

查看工程量计算式 — □ ×

工程量类别   构件名称: KZ-1   施工段: [不含施工段]
◉ 清单工程量 ○ 定额工程量   工程量名称: [全部]

计算机算量
周长=((0.5<长度>+0.5<宽度>)*2)=2m
体积=(0.5<长度>*0.5<宽度>*3.6<高度>)=0.9m³
模板面积=7.2<原始模板面积>-0.37<扣梁>=6.83m²
数量=1根
高度=3.6m
截面面积=(0.5<长度>*0.5<宽度>)=0.25m²

手工算量

重新输入   手工算量结果=

查看计算规则   查看三维扣减图   显示详细计算式

查看工程量计算式 — □ ×

工程量类别   构件名称: KZ-1   施工段: [不含施工段]
○ 清单工程量 ◉ 定额工程量   工程量名称: [全部]

计算机算量
周长=((0.5<长度>+0.5<宽度>)*2)=2m
体积=(0.5<长度>*0.5<宽度>*3.6<高度>)=0.9m³
模板面积=7.2<原始模板面积>=7.2m²

图 2.2.20

【提示】图 2.2.20 显示土建计算结果是在广联达培训楼工程全部构件建模完成,判断了边角柱并进行全楼汇总计算后,选择首层的一个 KZ-1 查看到的土建工程量计算式。如果学习者目前只是完成了首层柱建模,进行相同操作后查看到的结果在计算扣减以及工程量上是有所不同的,后面的个别构件也会存在相同的情况。

"查看工程量"既可以查看一种构件单个图元的工程量,也可以同时查看一种构件多个图元的工程量。在首层建模窗口中左键框选或批量选择全部框架柱,点击"查看工程量",在弹出的"查看构件图元工程量"窗口中选择"构件工程量",可以切换查看"清单工程量"和"定额工程量",如图 2.2.21 所示。

查看构件图元工程量

构件工程量 做法工程量

●清单工程量 ○定额工程量 ☑显示房间、组合构件量 ☑只显示标准层单层量 □显示施工段归类

	混凝土强度等级	楼层	名称	截面周长	结构类别	定额类别	材质	混凝土类型	周长(m)	体积(m³)	模板面积(m²)	数量(根)	脚手架面积(m²)	高度(m)	截面面积(m²)
														工程量名称		
1							商品混凝土	混凝土20石	8	3.6	27.32	4		14.4	1
2					框架柱	普通柱		小计	8	3.6	27.32	4	0	14.4	1
3			KZ-1	2				小计	8	3.6	27.32	4		14.4	1
4						小计			8	3.6	27.32	4		14.4	1
5						小计			8	3.6	27.32	4		14.4	1
6									8	3.6	27.32	4		14.4	1
7							商品混凝土	混凝土20石	7.2	2.88	23.96	4		14.4	0.8
8					框架柱	普通柱		小计	7.2	2.88	23.96	4	0	14.4	0.8
9		C25	首层	KZ-2	1.8			小计	7.2	2.88	23.96	4		14.4	0.8
10						小计			7.2	2.88	23.96	4		14.4	0.8
11						小计			7.2	2.88	23.96	4		14.4	0.8
12						小计			7.2	2.88	23.96	4		14.4	0.8
13							商品混凝土	混凝土20石	3.2	1.152	10.8	2		7.2	0.32
14					框架柱	普通柱		小计	3.2	1.152	10.8	2	0	7.2	0.32
15			KZ-3	1.6				小计	3.2	1.152	10.8	2		7.2	0.32
16						小计			3.2	1.152	10.8	2		7.2	0.32
17						小计			3.2	1.152	10.8	2		7.2	0.32
18						小计			3.2	1.152	10.8	2		7.2	0.32
19						小计			18.4	7.632	62.08	10		36	2.12
20						小计			18.4	7.632	62.08	10	0	36	2.12
21						合计			18.4	7.632	62.08	10		36	2.12

图 2.2.21

在"查看构件图元工程量"窗口中选择"做法工程量",可以查看定义界面中套取"构件做法"对应的清单项目和定额子目工程量,如图 2.2.22 所示。

查看构件图元工程量

构件工程量 **做法工程量**

	编码	项目名称	单位	工程量	单价	合价
1	010502001	矩形柱	m³	7.9284		
2	A1-5-5	现浇建筑物混凝土 矩形、多边形、异形、圆形柱,钢管柱	10m³	0.79284	1757.44	1393.3687
3	A1-5-51	泵送混凝土至建筑部位 高度50m以内(含±0.00以下)	10m³	0.79284	229.52	181.9726
4	011702002	矩形柱	m²	27.32		
5	A1-20-16	矩形柱模板(周长m) 支模高度3.6m内 1.8外	100m²	0.288	5590.5	1610.064
6	011702002	矩形柱	m²	34.76		
7	A1-20-15	矩形柱模板(周长m) 支模高度3.6m内 1.8内	100m²	0.3744	5077.44	1900.9935
8	011702002	矩形柱	m²	2.208		
9	A1-20-15	矩形柱模板(周长m) 支模高度3.6m内 1.8内	100m²	0.02304	5077.44	116.9842
10	011702002	矩形柱	m²	1.74		
11	A1-20-14	矩形柱模板(周长m) 支模高度3.6m内 1.2内	100m²	0.01836	6233.65	114.4498

图 2.2.22

（3）钢筋计算结果。

钢筋计算结果是指构件的钢筋工程量。"工程量"选项卡下的"钢筋计算结果"面板上设置有"查看钢筋量""编辑钢筋"和"钢筋三维"三个功能，如图 2.2.23 所示。

图 2.2.23

"查看钢筋量"既可以查看一种构件单个图元的钢筋工程量，也可以同时查看一种构件多个图元的钢筋工程量。在首层建模窗口中左键框选或批量选择全部框架柱，点击"查看钢筋量"，如果需要保存，在"查看钢筋量"窗口上点击"导出到 Excel"即可，如图 2.2.24 所示。

查看钢筋量

导出到Excel ☐ 显示施工段归类

钢筋总重量（kg）：2796.354

楼层名称	构件名称	钢筋总重量(kg)	HPB300			HRB335		
			8	10	合计	22	25	合计
1	KZ-1[17]	331.917		124.509	124.509		207.408	207.408
首层	KZ-1[18]	331.917		124.509	124.509		207.408	207.408
	KZ-1[19]	331.917		124.509	124.509		207.408	207.408
	KZ-1[21]	331.917		124.509	124.509		207.408	207.408
	KZ-2[28]	281.835		100.353	100.353		181.482	181.482
	KZ-2[29]	281.835		100.353	100.353		181.482	181.482
	KZ-2[30]	281.835		100.353	100.353		181.482	181.482
	KZ-2[31]	281.835		100.353	100.353		181.482	181.482
	KZ-3[25]	170.673	49.665		49.665	121.008		121.008
	KZ-3[26]	170.673	49.665		49.665	121.008		121.008
	合计:	2796.354	99.33	899.448	998.778	242.016	1555.56	1797.576

图 2.2.24

"编辑钢筋"只能查看单个图元的钢筋工程量。点击"编辑钢筋"选项，在建模窗口中任意选中一个 KZ-1，在界面下方显示的"编辑钢筋"窗口中可以查看 KZ-1 全部钢筋的计算明细，如图 2.2.25 所示。在"编辑钢筋"明细表中可以直接编辑构件钢筋的直径、级别、图号、图形、计算公式、弯曲调整和根数等信息。

"钢筋三维"既可以查看一种构件单个图元的钢筋三维视图，也可以同时查看一种构件多个图元的钢筋三维视图。点击"编辑钢筋"选项，在建模窗口中任意选中一个 KZ-1，窗口中即可看到 KZ-1 的钢筋三维视图，此时点击选择某一根柱纵钢，即可显示该钢筋的长度计算公式和结果。通过拖曳移动鼠标，可以全方位查看当前构件的钢筋三维视图。通过勾选三维视图窗口的"钢筋显示控制面板"中的钢筋类型，可以调整当前构件三维视图显示的钢筋，如图 2.2.26 所示。

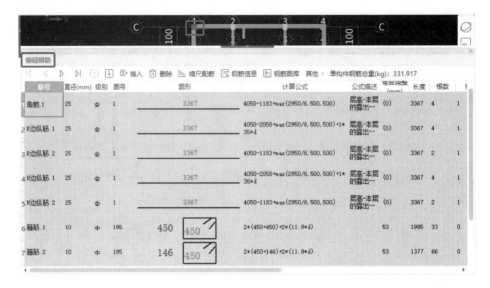

图 2.2.25

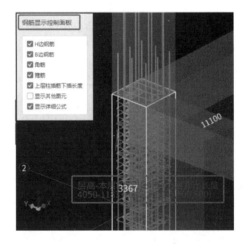

图 2.2.26

(4)报表工程量。

点击“工程量”选项卡下的“报表”面板中的“查看报表”，可以查看构件的钢筋与土建报表量，由于报表类型很多，根据需要自行选择查看即可。比如选择查看“钢筋报表量”列表中的“楼层构件类型统计汇总表”，如图 2.2.27 所示。

	楼层名称	构件大类	构件小类	构件名称	钢筋等级	钢筋直径	接头类型	总重(kg)	其中箍筋(kg)
67	首层	框架柱	箍筋	TZ2	A	8	绑扎	6.112	6.112
68	首层	框架柱	箍筋	KZ-3	A	8	绑扎	99.33	99.33
69	首层	框架柱	箍筋	TZ1	A	8	绑扎	7.76	7.76
70	首层	框架柱	箍筋	KZ-1	A	10	绑扎	498.036	498.036
71	首层	框架柱	箍筋	KZ-2	A	10	绑扎	401.412	401.412
72	首层	框架柱	角筋	TZ2	B	20	电渣压力焊	14.386	0
73	首层	框架柱	角筋	TZ1	B	20	电渣压力焊	17.522	0
74	首层	框架柱	角筋	KZ-3	B	22	电渣压力焊	80.672	0
75	首层	框架柱	B边纵筋	KZ-3	B	22	电渣压力焊	80.672	0
76	首层	框架柱	H边纵筋	KZ-3	B	22	电渣压力焊	80.672	0
77	首层	框架柱	B边纵筋	KZ-2	B	25	套管挤压	207.408	0
78	首层	框架柱	角筋	KZ-2	B	25	套管挤压	207.408	0
79	首层	框架柱	B边纵筋	KZ-1	B	25	套管挤压	311.112	0
80	首层	框架柱	角筋	KZ-1	B	25	套管挤压	207.408	0
81	首层	框架柱	H边纵筋	KZ-1	B	25	套管挤压	311.112	0
82	首层	框架柱	H边纵筋	KZ-2	B	25	套管挤压	311.112	0

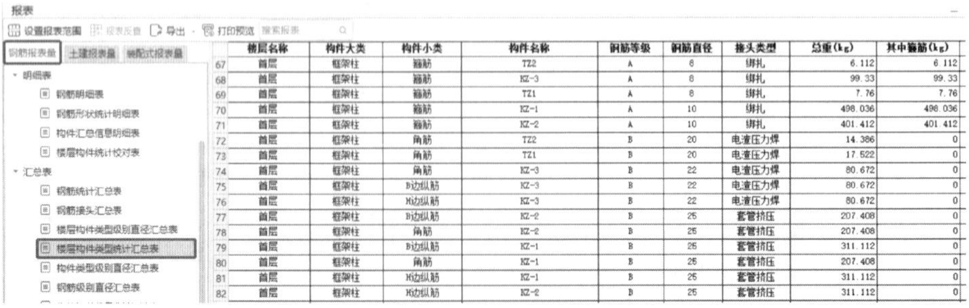

图 2.2.27

点击"报表"窗口中的"导出",可以把当前选中的报表以 Excel 形式导出并保存,如图 2.2.28所示。

图 2.2.28

点击"报表"窗口中的"土建报表量"可以查看构件的土建工程量,比如列表中选择"清单定额汇总表",首层柱混凝土土建工程量如图 2.2.29 所示,模板工程土建工程量如图 2.2.30 所示。

图 2.2.29

图 2.2.30

任务3 首层梁建模算量

知识目标

(1)掌握应用广联达 GTJ2021 软件进行梁建模算量的操作流程及方法;

(2)巩固并深化梁清单定额工程量计算规则的核心知识;

(3)掌握工程造价数字化应用职业技能等级证书考试中的梁建模算量相关知识。

能力目标

(1)能熟练应用广联达 GTJ2021 软件进行梁建模算量;

(2)能应用三维视图、云检查、云指标以及云对比等方法进行工程量核查纠错;

(3)能自主发现更多关于梁建模算量的软件应用技巧。

思政素质目标

(1)树立积极进取的主观学习思想;

(2)发扬善于识图、勤学多练的学习精神;

(3)培养认真细致、探索创新的职业素养。

操作流程

2.3.1 首层梁定义

在建模状态下,楼层选择首层。鼠标左键双击"导航栏"下拉列表中的"梁"进入定义界面,点击"构件列表"面板中的"新建",根据项目图纸,选择"新建矩形梁",修改"名称"为"KL-1",如图 2.3.1所示。

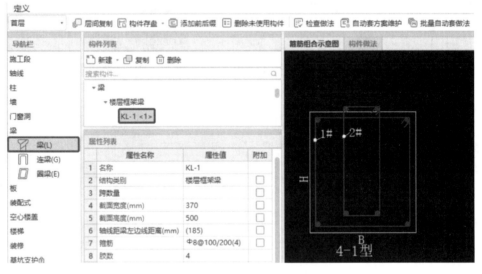

图 2.3.1

根据项目图纸修改"属性列表"KL-1 的属性值,如图 2.3.2 所示。

点击"构件做法",套取 KL-1 做法,如图 2.3.3 所示。

鼠标左键选中 KL-1,点击"构件列表"面板中的"复制",复制为 KL-2,根据项目图纸修改"属性列表"中 KL-2 的属性值,如图 2.3.4 所示。构件做法不需要修改。

属性列表

	属性名称	属性值	附加
1	名称	KL-1	
2	结构类别	楼层框架梁	☐
3	跨数量		☐
4	截面宽度(mm)	370	☐
5	截面高度(mm)	500	☐
6	轴线距梁左边线距离(mm)	(185)	☐
7	箍筋	Φ8@100/200(4)	☐
8	胶数	4	
9	上部通长筋	4Φ25	☐
10	下部通长筋		☐
11	侧面构造或受扭筋(总配...		☐
12	拉筋		☐
13	定额类别	有梁板	☐
14	材质	商品混凝土	

属性列表

	属性名称	属性值	附加
15	混凝土类型	(混凝土20石)	☐
16	混凝土强度等级	(C25)	☐
17	混凝土外加剂	(无)	
18	泵送类型	(混凝土泵)	
19	泵送高度(m)		
20	截面周长(m)	1.74	☐
21	截面面积(m²)	0.185	☐
22	起点顶标高(m)	层顶标高	☐
23	终点顶标高(m)	层顶标高	☐
24	备注		☐
25	⊞ 钢筋业务属性		
35	⊞ 土建业务属性		
43	⊞ 显示样式		

图 2.3.2

	编码	类别	名称	项目特征	单位	工程量表达式	表达式说明	单价
1	⊟ 010505001	项	有梁板	1.混凝土种类:预拌 2.混凝土强度等级:C25	m³	TJ	TJ<体积>	
2	A1-5-14	定	现浇建筑物混凝土 平板、有梁板、无梁板		m³	TJ	TJ<体积>	874.65
3	A1-5-51	定	泵送混凝土至建筑部位 高度50m以内(含±0.00以下)		m³	TJ	TJ<体积>	229.52
4	⊟ 011702006	项	矩形梁	1.支撑高度:3.6m	m²	MBMJ	MBMJ<模板面积>	
5	A1-20-34	定	单梁、连续梁横板(梁宽cm) 25以外 支模高度3.6m		m²	MBMJ	MBMJ<模板面积>	6563.17

图 2.3.3

属性列表

	属性名称	属性值	附加
1	名称	KL-2	
2	结构类别	楼层框架梁	☐
3	跨数量		☐
4	截面宽度(mm)	370	☐
5	截面高度(mm)	500	☐
6	轴线距梁左边线距离(mm)	(185)	☐
7	箍筋	Φ8@100/200(4)	☐
8	胶数	4	
9	上部通长筋	4Φ25	☐
10	下部通长筋	4Φ25	☐
11	侧面构造或受扭筋(总配...		☐
12	拉筋		☐
13	定额类别	有梁板	☐
14	材质	商品混凝土	☐

属性列表

	属性名称	属性值	附加
15	混凝土类型	(混凝土20石)	☐
16	混凝土强度等级	(C25)	☐
17	混凝土外加剂	(无)	
18	泵送类型	(混凝土泵)	
19	泵送高度(m)		
20	截面周长(m)	1.74	☐
21	截面面积(m²)	0.185	☐
22	起点顶标高(m)	层顶标高	☐
23	终点顶标高(m)	层顶标高	☐
24	备注		
25	⊞ 钢筋业务属性		
35	⊞ 土建业务属性		
43	⊞ 显示样式		

图 2.3.4

鼠标左键选中 KL-2,点击"构件列表"面板中的"复制",复制为 KL-3,根据项目图纸修改"属性列表"中 KL-3 的属性值,如图 2.3.5 所示。构件做法不需要修改。

鼠标左键选中 KL-3,点击"构件列表"面板中的"复制",复制为 KL-4,根据项目图纸修改"属性列表"中 KL-4 的属性值,如图 2.3.6 所示。构件做法需要修改,如图 2.3.7 所示。

属性列表

	属性名称	属性值	附加
1	名称	KL-3	
2	结构类别	楼层框架梁	☐
3	跨数量		☐
4	截面宽度(mm)	370	☐
5	截面高度(mm)	500	☐
6	轴线距梁左边线距离(mm)	(185)	☐
7	箍筋	Φ8@100/200(4)	☐
8	胶数	4	
9	上部通长筋	2Φ25+(2Φ12)	☐
10	下部通长筋		☐
11	侧面构造或受扭筋(总配...		☐
12	拉筋		☐
13	定额类别	有梁板	☐
14	材质	商品混凝土	☐

属性列表

	属性名称	属性值	附加
15	混凝土类型	(混凝土20石)	☐
16	混凝土强度等级	(C25)	☐
17	混凝土外加剂	(无)	☐
18	泵送类型	(混凝土泵)	☐
19	泵送高度(m)		
20	截面周长(m)	1.74	☐
21	截面面积(m²)	0.185	
22	起点顶标高(m)	层顶标高	
23	终点顶标高(m)	层顶标高	
24	备注		
25	⊕ 钢筋业务属性		
35	⊕ 土建业务属性		
43	⊕ 显示样式		

图 2.3.5

属性列表

	属性名称	属性值	附加
1	名称	KL-4	
2	结构类别	楼层框架梁	☐
3	跨数量		☐
4	截面宽度(mm)	240	☐
5	截面高度(mm)	500	☐
6	轴线距梁左边线距离(mm)	(120)	☐
7	箍筋	Φ8@100/200(2)	☐
8	胶数	2	
9	上部通长筋	2Φ22	
10	下部通长筋		☐
11	侧面构造或受扭筋(总配...		☐
12	拉筋		☐
13	定额类别	有梁板	☐
14	材质	商品混凝土	☐

属性列表

	属性名称	属性值	附加
15	混凝土类型	(混凝土20石)	☐
16	混凝土强度等级	(C25)	☐
17	混凝土外加剂	(无)	☐
18	泵送类型	(混凝土泵)	☐
19	泵送高度(m)		
20	截面周长(m)	1.48	☐
21	截面面积(m²)	0.12	
22	起点顶标高(m)	层顶标高	
23	终点顶标高(m)	层顶标高	
24	备注		
25	⊕ 钢筋业务属性		
35	⊕ 土建业务属性		
43	⊕ 显示样式		

图 2.3.6

箍筋组合示意图　构件做法

箍 添加清单　箍 添加定额　🗑 删除　箍 查询 ·　箍 项目特征　ƒx 换算 ·　箍 做法刷　箍 做法查询　箍 提取做法　箍 当前构件自动套做法　☑ 参与自动套

	编码	类别	名称	项目特征	单位	工程量表达式	表达式说明	单价
1	⊟ 010505001	项	有梁板	1.混凝土种类:预拌 2.混凝土强度等级:C25	m³	TJ	TJ<体积>	
2	A1-5-14	定	现浇建筑物混凝土 平板、有梁板、无梁板		m³	TJ	TJ<体积>	874.65
3	A1-5-51	定	泵送混凝土至建筑部位 高度50m以内(含±0.00以下)		m³	TJ	TJ<体积>	229.52
4	⊟ 011702006	项	矩形梁	1.支撑高度:3.6m	m²	MBMJ	MBMJ<模板面积>	
5	A1-20-33	定	单梁、连续梁模板(梁宽cm) 25以内 支模高度3.6m		m²	MBMJ	MBMJ<模板面积>	5967.43

图 2.3.7

　　鼠标左键选中 KL-4,点击"构件列表"面板中的"复制",复制为 KL-5,根据项目图纸修改"属性列表"中 KL-5 的属性值,如图 2.3.8 所示。构件做法不需要修改。

属性列表			
	属性名称	属性值	附加
1	名称	KL-5	
2	结构类别	楼层框架梁	□
3	跨数量		□
4	截面宽度(mm)	240	□
5	截面高度(mm)	500	□
6	轴线距梁左边线距离(mm)	(120)	□
7	箍筋	Φ8@100/200(4)	□
8	肢数	4	□
9	上部通长筋	4Φ22	□
10	下部通长筋	4Φ22	□
11	侧面构造或受扭筋(总配...		□
12	拉筋		□
13	定额类别	有梁板	□
14	材质	商品混凝土	□

属性列表			
	属性名称	属性值	附加
15	混凝土类型	(混凝土20石)	□
16	混凝土强度等级	(C25)	□
17	混凝土外加剂	(无)	□
18	泵送类型	(混凝土泵)	□
19	泵送高度(m)		□
20	截面周长(m)	1.48	□
21	截面面积(m²)	0.12	□
22	起点顶标高(m)	层顶标高	□
23	终点顶标高(m)	层顶标高	□
24	备注		□
25	⊞ 钢筋业务属性		
35	⊞ 土建业务属性		
43	⊞ 显示样式		

图 2.3.8

2.3.2　首层梁建模

关闭定义界面,返回梁建模界面。在"图纸管理"列表中左键双击"首层梁配筋图",点击"定位"将 CAD 图定位到轴网上,如图 2.3.9 所示。

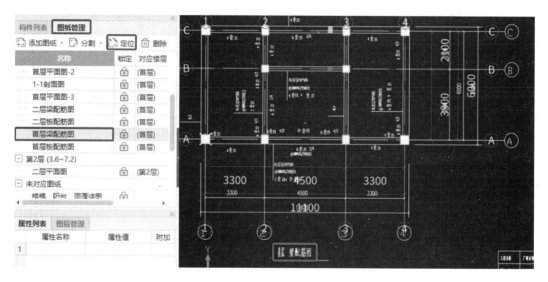

图 2.3.9

梁的绘制常用"直线"或"智能布置"两种画法。点击"直线"画法,在"构件列表"列表中选择 KL-1,根据定位图纸 KL-1 所在位置为 C 轴,且梁外边线对齐柱外边线,左键捕捉 1 轴与 C 轴交点上的 KZ-1 左上角顶点,按下 F4 键改变梁的插入点为左端上侧顶点,鼠标向右移动至 4 轴与 C 轴交点上的 KZ-1 右上角顶点,完成 KL-1 的绘制,如图 2.3.10 所示。应用同样的画法绘制 KL-2 与 KL-3。

在"构件列表"列表中切换构件为 KL-4,根据定位图纸梁中心线对齐轴线,点击"智能布置"下拉列表中的"轴线",即参照轴线来智能布置 KL-4,左键分别点击 2 轴和 3 轴,完成

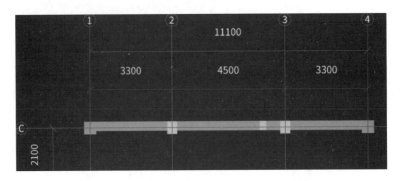

图 2.3.10

KL-4 的绘制。可以应用同样的画法绘制 KL-5,但是不能直接点选 B 轴,而是左键框选 B 轴交 2 轴～3 轴的一段轴线,完成 KL-5 的绘制。绘制好的首层框架梁如图 2.3.11 所示。

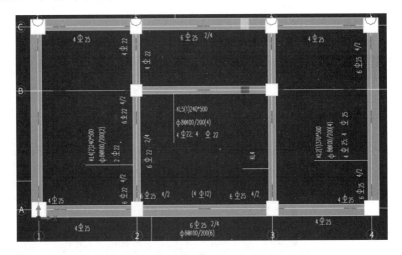

图 2.3.11

【提示】此时首层框架梁显示为粉红色,表示梁尚未完成原位标注。

2.3.3 梁原位标注信息输入

原位标注指在梁跨的局部,截面、标高、配筋信息有不同于集中标注的单独标注,在梁的上部标明支座筋和架立筋,在梁的下部标明下部筋、箍筋、拉筋、腰筋、梁跨截面变化、位置变化、标高变化,以及包含其他特殊改变的数值及文字说明。

点击“梁二次编辑”面板的“原位标注”,关闭建模界面下方弹出的“梁平法表格”窗口,左键点选 KL-1,在每一跨梁的上部有 3 个可编辑原位标注框,下部有 1 个可编辑原位标注框。根据定位图纸,鼠标左键点击编辑框内任意位置,在 KL-1 每一跨设计有原位标注的编辑框内输入相应信息,如图 2.3.12 所示。

【提示】输入原位标注信息后,KL-1 由原来的粉红色变成了绿色,只有绿色的梁才可以汇总计算出钢筋工程量。

首层有 2 道 KL-2,配筋信息相同,先按照 KL-1 的方法输入 4 轴上 KL-2 的原位标注钢筋信息,左键点选此梁后,单击鼠标右键,在弹出的列表中点选“应用到同名梁”,再次单击右键,此时建模窗口会提示“1 道同名梁应用成功”,如图 2.3.13 所示。

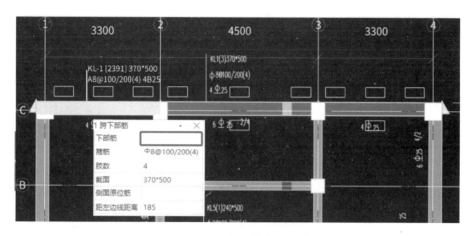

图 2.3.12

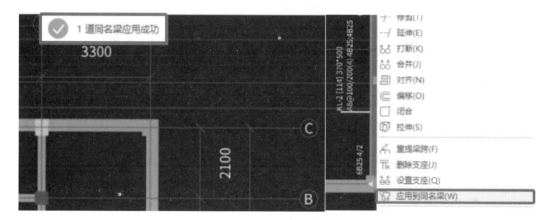

图 2.3.13

应用与 KL-2 同样的方法输入 KL-4 的原位标注。KL-5 没有原位标注,点击"原位标注"按钮后无须输入信息,直接单击右键结束操作,梁也由原来的粉色变成了绿色。

点击建模窗口悬浮栏"动态观察",观看首层梁三维视图,如图 2.3.14 所示。

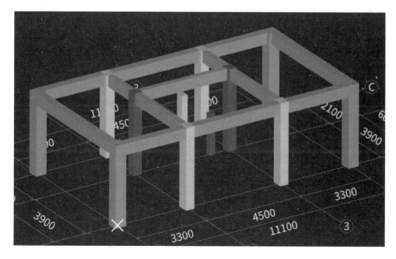

图 2.3.14

2.3.4 梁工程量计算

（1）汇总计算。

使用快捷键方式进行汇总计算，键盘上按 F9 键，在弹出的"汇总计算"窗口中勾选首层柱和梁进行汇总计算。

（2）查看钢筋三维。

梁在汇总计算后，点击"钢筋计算结果"面板中的"钢筋三维"方可查看到钢筋三维视图，比如建模窗口点选 KL-1 进行查看，其钢筋三维如图 2.3.15 所示。

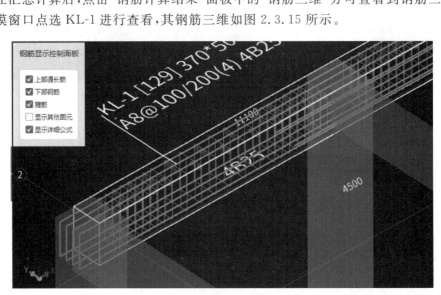

图 2.3.15

（3）梁及钢筋工程量。

在首层建模窗口中选中（点选或框选）全部框架梁，点击"工程量"选项卡下的"土建计算结果"面板中的"查看工程量"按钮，在弹出的"查看构件图元工程量"窗口中选择查看"做法工程量"，如图 2.3.16 所示。

查看构件图元工程量

构件工程量　做法工程量

	编码	项目名称	单位	工程量	单价	合价
1	010505001	有梁板	m³	6.885		
2	A1-5-14	现浇建筑物混凝土平板、有梁板、无梁板	10m³	0.6885	874.65	602.1965
3	A1-5-51	泵送混凝土至建筑部位 高度50m以内（含±0.00以下）	10m³	0.6885	229.52	158.0245
4	011702006	矩形梁	m²	38.801		
5	A1-20-34	单梁、连续梁模板（梁宽cm）25以外支模高度3.6m	100m²	0.441554	6563.17	2897.994
6	011702006	矩形梁	m²	10.773		
7	A1-20-33	单梁、连续梁模板（梁宽cm）25以内支模高度3.6m	100m²	0.12702	5967.43	757.983

图 2.3.16

在首层建模窗口中选中(点选或框选)全部框架梁,点击"工程量"选项卡下的"钢筋计算结果"面板中的"查看钢筋量"按钮,在弹出的"查看钢筋量"窗口中即可看到首层梁的钢筋工程量,如图 2.3.17 所示。

查看钢筋量

导出到Excel　☐ 显示施工段归类

钢筋总重量(kg)：2424.164

楼层名称	构件名称	钢筋总重量 (kg)	HPB300		HRB335			
			8	合计	12	22	25	合计
1	KL-3[56]	603.336	98.4	98.4	8.876		496.06	504.936
2	KL-1[129]	552.662	85.464	85.464			467.198	467.198
3	KL-2[113]	298.497	41.545	41.545			256.952	256.952
4	KL-2[114]	298.497	41.545	41.545			256.952	256.952
5	KL-4[126]	256.33	23.688	23.688		226.054	6.588	232.642
6	KL-4[183]	256.33	23.688	23.688		226.054	6.588	232.642
7	KL-5[124]	158.512	29.344	29.344		129.168		129.168
8	合计：	2424.164	343.674	343.674	8.876	581.276	1490.338	2080.49

首层

图 2.3.17

任务 4　首层板建模算量

知识目标

(1)掌握应用广联达 GTJ2021 软件进行板建模算量的操作流程及方法;

(2)巩固并深化板清单定额工程量计算规则的核心知识;

(3)掌握工程造价数字化应用职业技能等级证书考试中的板建模算量相关知识。

能力目标

(1)能熟练应用广联达 GTJ2021 软件进行板建模算量;

(2)能应用三维视图、云检查、云指标以及云对比等方法进行工程量核查纠错;

(3)能自主发现更多关于板建模算量的软件应用技巧。

思政素质目标

(1)严谨求学,端正学习态度;

(2)发扬互帮互助、勤学多练的学习精神;

(3)培养踏实肯干、爱岗敬业的职业素养。

操作流程

2.4.1　首层板定义

在建模状态下,楼层选择首层。鼠标左键双击"导航栏"下拉列表中的"现浇板"进入定义界面,点击"构件列表"面板中的"新建",选择"新建现浇板",根据项目图纸首层板厚为100 mm,在"属性列表"修改"名称"为"B-100",修改"厚度"为"100",在"构件做法"窗口套取清单和定额,结合工程实际描述清单项目特征,正确选择或填写"工程量表达式",如图 2.4.1所示。

马凳筋需要在定义板构件时进行信息输入。在 B-100 的"属性列表"中点击"钢筋业务

图 2.4.1

属性",在下拉列表中点击"马凳筋参数图"属性值输入框右侧的"…"按钮,弹出"马凳筋设置"窗口,根据图纸选择"Ⅰ型"马凳筋信息,输入马凳筋信息及 L1、L2、L3 长度值,如图 2.4.2所示。

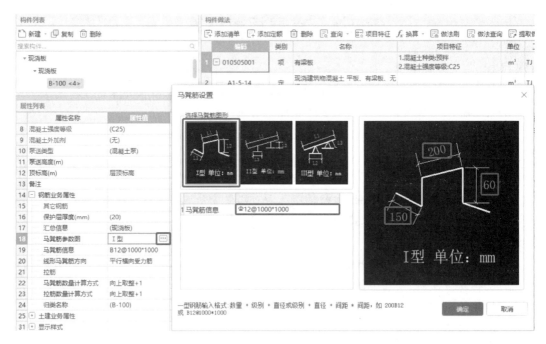

图 2.4.2

2.4.2　首层板建模

　　关闭定义界面,返回板建模界面。在"图纸管理"列表中左键双击"首层板配筋图",点击"定位"将 CAD 图定位到轴网上,如图 2.4.3 所示。

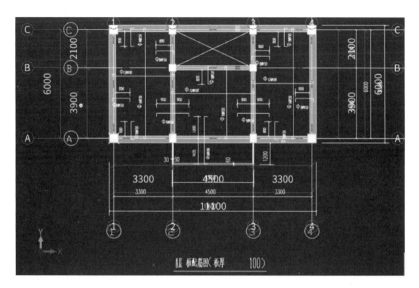

图 2.4.3

根据图纸,首层除了 2～3 轴交 B～C 轴为楼梯洞口,其余位置均为现浇板。在"绘图"面板选择"点"画法,鼠标左键分别在 1～2 轴交 A～C 轴、2～3 轴交 A～B 轴、2～3 轴交 A～C 轴框架梁围合范围内单击,完成现浇板的绘制,如图 2.4.4 所示。

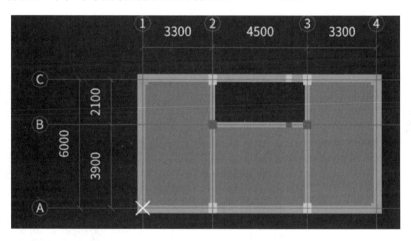

图 2.4.4

2.4.3　板钢筋定义及绘制

在板钢筋定义及绘制前,需要返回"工程设置",对照图纸修改板钢筋的计算设置。点击"工程设置"选项卡下的"钢筋设置"面板中的"计算设置",在弹出的"计算设置"窗口中选择"计算规则",在下拉列表中选择"板/坡道"修改"分布钢筋配置"的设置值,如图 2.4.5 所示。

（1）板受力筋绘制。

板受力筋无须预先定义,在绘制时输入钢筋信息即可。根据"首层板配筋图",弯钩向上及向左的受力筋为板底受力筋。鼠标左键单击"导航栏"下拉列表中的"板受力筋",在"板受力筋二次编辑"面板中选择"布置受力筋",在建模窗口上方选项栏中点选"单板"和"XY方向",在建模窗口右上角"智能布置"窗口中输入 X 方向和 Y 方向底筋信息,如图 2.4.6 所示。

图 2.4.5

图 2.4.6

　　将鼠标分别移动到首层的三块现浇板上,左键单击每块板,完成板底受力筋的绘制,如图 2.4.7 所示。

　　(2)板负筋定义与绘制。

　　板负筋需要先定义后绘制。根据"首层板配筋图",图示负筋无标注钢筋编号,定义时按"钢筋信息-左标注-右标注"方式命名。首层板单边、双边标注负筋定义如图 2.4.8 所示。

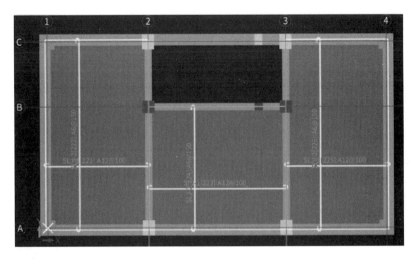

图 2.4.7

属性列表	图层管理		
	属性名称	属性值	附加
1	名称	A8-150-800	
2	钢筋信息	Φ8@150	☐
3	左标注(mm)	0	☐
4	右标注(mm)	800	☐
5	马凳筋排数	1/0	☐
6	单边标注位置	(支座内边线)	☐
7	左弯折(mm)	(0)	☐
8	右弯折(mm)	(0)	☐
9	分布钢筋	(Φ8@200)	☐
10	备注		☐
11	⊞ 钢筋业务属性		
19	⊞ 显示样式		

属性列表	图层管理		
	属性名称	属性值	附加
1	名称	A8-150-900-900	
2	钢筋信息	Φ8@150	☐
3	左标注(mm)	900	☐
4	右标注(mm)	900	☐
5	马凳筋排数	1/1	☐
6	非单边标注含支座宽	(是)	☐
7	左弯折(mm)	(0)	☐
8	右弯折(mm)	(0)	☐
9	分布钢筋	(Φ8@200)	☐
10	备注		☐
11	⊞ 钢筋业务属性		
19	⊞ 显示样式		

图 2.4.8

【提示】在判断板单边标注负筋的左右标注时是没有固定标准的,可以先按照左标注输入,绘制负筋后如标注形式与图纸不符,可通过选用"板负筋二次编辑"面板中的"交换标注"命令来改正标注。

点击"板负筋二次编辑"面板中的"布置负筋",在建模窗口上方布筋选项栏中点选"按板边布置",根据定位图纸,将鼠标移动到负筋所在板边单击,当前选中的负筋就绘制好了。首层板负筋全部绘制完成后如图 2.4.9 所示。

2.4.4 板工程量计算

(1)汇总计算。

使用快捷键方式进行汇总计算,键盘上按 F9 键,在弹出的"汇总计算"窗口中勾选首层柱、梁和板进行汇总计算。

(2)查看钢筋三维。

板在汇总计算后,点击"钢筋计算结果"面板中的"钢筋三维"方可查看到钢筋三维视图,比如建模窗口点选 1~2 轴交 A~C 轴现浇板底横向受力筋进行查看,其钢筋三维如图 2.4.10 所示。

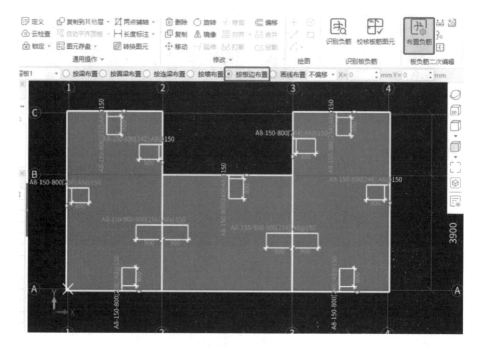

图 2.4.9

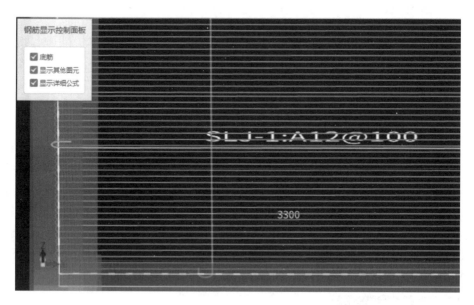

图 2.4.10

（3）板及钢筋工程量。

在首层建模窗口中选中（点选或框选）全部现浇板，点击"工程量"选项卡下的"土建计算结果"面板中的"查看工程量"按钮，在弹出的"查看构件图元工程量"窗口中选择查看"做法工程量"，如图 2.4.11 所示。

在首层建模窗口中选中（点选或框选）全部现浇板，点击"工程量"选项卡下的"钢筋计算结果"面板中的"查看钢筋量"按钮，在弹出的"查看钢筋量"窗口中即可看到首层现浇板的钢筋工程量，如图 2.4.12 所示。

查看构件图元工程量

构件工程量　做法工程量

	编码	项目名称	单位	工程量	单价	合价
1	010505001	有梁板	m³	5.0844		
2	A1-5-14	现浇建筑物混凝土平板、有梁板、无梁板	10m³	0.50636	874.65	442.8878
3	A1-5-51	泵送混凝土至建筑部位 高度50m以内（含±0.00以下）	10m³	0.50636	229.52	116.2197
4	011702014	有梁板	m²	50.636		
5	A1-20-75	有梁板模板 支模高度3.6m	100m²	0.50636	5674.28	2873.2284

图 2.4.11

查看钢筋量

📤 导出到Excel　☐ 显示施工段归类

钢筋总重量（kg）：26.796

	楼层名称	构件名称	钢筋总重量（kg）	HRB335	
				12	合计
1	首层	B-100[218]	10.164	10.164	10.164
2		B-100[219]	6.468	6.468	6.468
3		B-100[220]	10.164	10.164	10.164
4		合计：	26.796	26.796	26.796

图 2.4.12

任务5　第2层柱梁板建模算量

知识目标

（1）掌握应用广联达 GTJ2021 软件进行楼层复制建模算量的操作流程及技巧；

（2）掌握根据图纸对复制构件的属性及做法进行修改的方法；

（3）掌握工程造价数字化应用职业技能等级证书考试中的构件楼层复制相关知识。

能力目标

（1）能熟练应用广联达 GTJ2021 软件进行楼层复制建模算量；

（2）能应用三维视图、云检查、云指标以及云对比等方法进行工程量核查纠错；

（3）能自主发现更多关于楼层复制建模算量的软件应用技巧。

思政素质目标

（1）树立学海无涯苦作舟的学习意识；

（2）锻炼学以致用、举一反三的学习思维；

（3）培养善于沟通、团队合作的职业素养。

操作流程

2.5.1　第2层柱梁板结构图分析

（1）柱定位及配筋图。

由首层和第2层共用一个"柱定位及配筋图"可知，两层框架柱是一样的，但首层有梯柱，第2层没有梯柱。

（2）二层梁配筋图。

对比"首层梁配筋图"和"二层梁配筋图"可知,首层框架梁截面高 500 mm,第 2 层框架梁截面高 650 mm,第 2 层外墙梁设置了侧面构造筋,其他钢筋信息不变。

（3）二层板配筋图。

对比"首层板配筋图"和"二层板配筋图"可知,第 2 层楼梯间有屋面现浇板,且在 2 轴、3 轴和 B 轴框架梁处设置了支座负筋,2~3 轴交 A~C 板底受力筋为多板布置,板底受力筋钢筋信息不变,第 2 层没有单边标注支座负筋,屋面现浇板四个阳角处增加了放射钢筋。

2.5.2　第 2 层柱梁板建模

应用"复制到其他层"建模方法将首层柱梁板复制到第 2 层,根据"二层梁配筋图"修改框架梁属性值及钢筋信息,根据"二层板配筋图"绘制现浇板并修改板受力筋和板负筋信息。

在首层柱建模状态下,选择"建模"选项卡下的"通用操作"面板中的"复制到其他层"命令,点击"选择"面板中的"批量选择",在弹出的"批量选择"窗口列表中选择首层框架柱、楼层框架梁和现浇板等,如图 2.5.1 所示。

图 2.5.1

点击窗口下方的"确定",当前选定的首层框架柱、楼层框架梁、现浇板等（包括钢筋与构件做法）及图元就成功复制到了第 2 层,如图 2.5.2 所示。

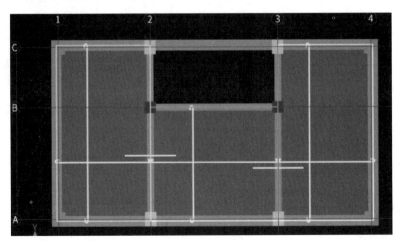

图 2.5.2

2.5.3　修改第 2 层柱、梁、板

（1）判断边角柱。

首层框架柱复制到第 2 层后,不需要修改,但由于第 2 层是顶层(即柱在本层到顶了),需要进行"判断边角柱"操作。在第 2 层建模状态下,在"柱二次编辑"面板中点击"判断边角柱"按钮,建模窗口中的框架柱就会根据所在位置自动判断为"角柱""边柱"和"中柱"三种类型,不同类型的柱显示的颜色不一样,如图 2.5.3 所示。

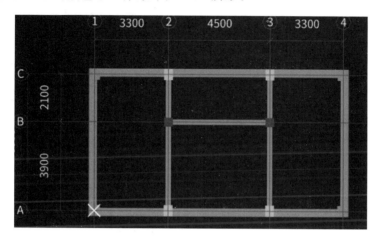

图 2.5.3

（2）修改框架梁。

根据上述图纸分析结果对第 2 层框架梁进行修改。在第 2 层建模状态下,在"导航栏"列表中选中"梁",此时可以对梁进行绘制或修改等操作。在建模窗口,鼠标左键分别单击外墙梁 KL-1、KL-2 和 KL-3,在"属性列表"面板修改"截面高度"和"侧面构造或受扭筋(总配筋值)"两项属性值,如图 2.5.4 所示。

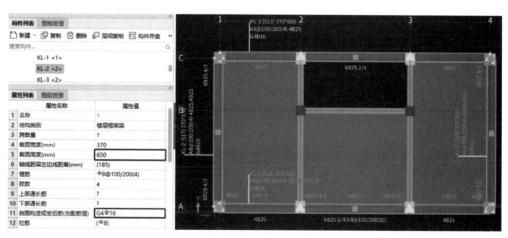

图 2.5.4

（3）修改现浇板。

根据上述图纸分析结果对第 2 层现浇板进行修改。在第 2 层建模状态下,在"导航栏"列表中选择"现浇板","构件列表"点选现浇板"B-100","绘图"面板选用"点"画法,把鼠标移

动到2轴～3轴交B轴～C轴范围内单击,完成楼梯间顶板的绘制,如图2.5.5所示。

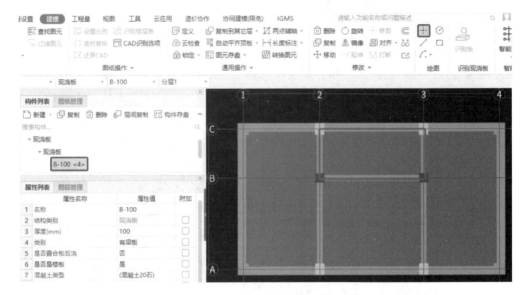

图 2.5.5

在"导航栏"列表中选中"板受力筋",鼠标左键移动到 2 轴～3 轴交 A 轴～B 轴现浇板上分别单击选中 X 方向和 Y 方向底筋,按下 Delete 键将其删除。在"板受力筋二次编辑"面板中点击"布置受力筋",建模窗口上方布筋选项栏中点选"多板"和"XY 方向",建模窗口右上角"智能布置"窗口中输入 X 方向和 Y 方向底筋信息,如图2.5.6所示。

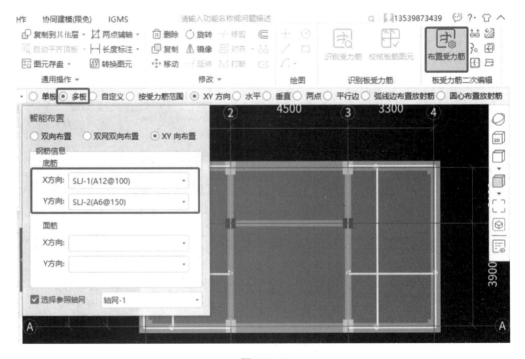

图 2.5.6

将鼠标分别移动到 2 轴～3 轴交 A 轴～C 轴的两块现浇板上,左键单击选中,再右键单击确认,完成板底受力筋的绘制,如图2.5.7所示。

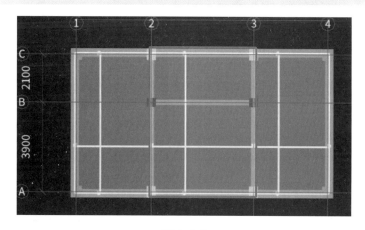

图 2.5.7

在"导航栏"列表中选中"板负筋","构件列表"中选择板负筋"A8-150-900-900",鼠标移动至"板受力筋二次编辑"面板中点击"布置受力筋",建模窗口上方布筋选项栏中点选"按板边布置",在楼梯间 2 轴、3 轴和 B 轴的板边上左键分别单击,完成板负筋的绘制,如图 2.5.8 所示。

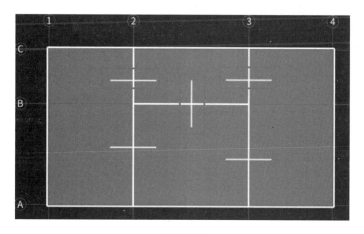

图 2.5.8

(4)板放射筋表格算量。

根据"二层板配筋图"可知,第 2 层板的四个阳角均设置了放射筋,如图 2.5.9 所示。

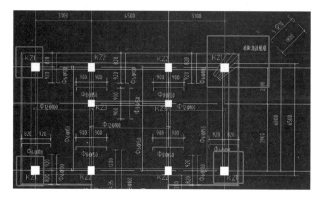

图 2.5.9

板放射筋不适合建模算量,而是应该使用表格算量。点击"工程量"选项卡下的"表格算量"面板中的"表格算量",弹出"表格算量"窗口,根据"二层板配筋图"右上角给出的放射筋大样图,在"表格算量"窗口的"钢筋"面板点击"构件",新建一个"板放射筋"构件,"构件数量"属性值输入"4",在右边的钢筋编辑窗口中输入"筋号",选择"直径""级别""图号",输入各段钢筋的"长度"和"根数",软件则自动快速计算出放射筋工程量,如图 2.5.10 所示。

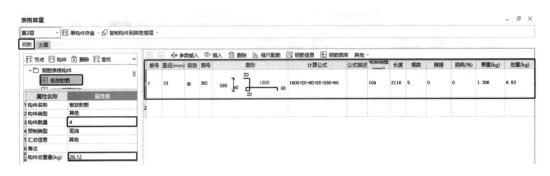

图 2.5.10

2.5.4　第 2 层柱梁板及钢筋工程量计算

(1)汇总计算。

使用快捷键方式进行汇总计算,键盘上按 F9 键,在弹出的"汇总计算"窗口中勾选第 2 层柱、梁和板进行汇总计算。

(2)柱工程量。

在第 2 层建模窗口选中(点选或框选)全部框架柱,点击"工程量"选项卡的"土建计算结果"面板中的"查看工程量"按钮,在弹出的"查看构件图元工程量"窗口中选择查看"做法工程量",如图 2.5.11 所示。

查看构件图元工程量

构件工程量	做法工程量

	编码	项目名称	单位	工程量	单价	合价
1	010502001	矩形柱	m³	7.632		
2	A1-5-5	现浇建筑物混凝土矩形、多边形、异形、圆形柱、钢管柱	10m³	0.7632	1757.44	1341.2782
3	A1-5-51	泵送混凝土至建筑部位 高度50m以内(含±0.00以下)	10m³	0.7632	229.52	175.1697
4	011702002	矩形柱	m²	26.876		
5	A1-20-16	矩形柱模板(周长m)支模高度3.6m内1.8外	100m²	0.288	5590.5	1610.064
6	011702002	矩形柱	m²	34.316		
7	A1-20-15	矩形柱模板(周长m)支模高度3.6m内1.8内	100m²	0.3744	5077.44	1900.9935

图 2.5.11

在第 2 层建模窗口选中(点选或框选)全部框架柱,点击"工程量"选项卡下的"钢筋计算结果"面板中的"查看钢筋量"按钮,在弹出的"查看钢筋量"窗口中即可看到框架柱的钢筋工程量,如图 2.5.12 所示。

查看钢筋量

☐↗ 导出到Excel　☐ 显示施工段归类

钢筋总重量（kg）：2464.216

	楼层名称	构件名称	钢筋总重量(kg)	HPB300			HRB335		
				8	10	合计	22	25	合计
1	第2层	KZ-1[503]	297.701		105.644	105.644		192.057	192.057
2		KZ-1[504]	297.701		105.644	105.644		192.057	192.057
3		KZ-1[505]	297.701		105.644	105.644		192.057	192.057
4		KZ-1[506]	297.701		105.644	105.644		192.057	192.057
5		KZ-2[497]	245.593		85.148	85.148		160.445	160.445
6		KZ-2[498]	245.593		85.148	85.148		160.445	160.445
7		KZ-2[499]	245.593		85.148	85.148		160.445	160.445
8		KZ-2[500]	245.593		85.148	85.148		160.445	160.445
9		KZ-3[501]	145.52	42.14		42.14	103.38		103.38
10		KZ-3[502]	145.52	42.14		42.14	103.38		103.38
11		合计：	2464.216	84.28	763.168	847.448	206.76	1410.008	1616.768

图 2.5.12

(3)梁工程量。

在第 2 层建模窗口选中(点选或框选)全部框架梁,点击"工程量"选项卡下的"土建计算结果"面板中的"查看工程量"按钮,在弹出的"查看构件图元工程量"窗口中选择查看"做法工程量",如图 2.5.13 所示。

查看构件图元工程量

构件工程量	做法工程量

	编码	项目名称	单位	工程量	单价	合价
1	010505001	有梁板	m³	9.0754		
2	A1-5-14	现浇建筑物混凝土平板、有梁板、无梁板	10m³	0.90754	874.65	793.7799
3	A1-5-51	泵送混凝土至建筑部位 高度50m以内(含±0.00以下)	10m³	0.90754	229.52	208.2986
4	011702006	矩形梁	m²	48.042		
5	A1-20-34	单梁、连续梁模板(梁宽cm)25以外支模高度3.6m	100m²	0.546584	6563.17	3587.3237
6	011702006	矩形梁	m²	14.872		
7	A1-20-33	单梁、连续梁模板(梁宽cm)25以内支模高度3.6m	100m²	0.1716	5967.43	1024.011

图 2.5.13

在第 2 层建模窗口选中(点选或框选)全部框架梁,点击"工程量"选项卡下的"钢筋计算结果"面板中的"查看钢筋量"按钮,在弹出的"查看钢筋量"窗口中即可看到框架梁的钢筋工程量,如图 2.5.14 所示。

(4)板工程量。

在第 2 层建模窗口选中(点选或框选)全部现浇板,点击"工程量"选项卡下的"土建计算结果"面板中的"查看工程量"按钮,在弹出的"查看构件图元工程量"窗口中选择查看"做法工程量",如图 2.5.15 所示。

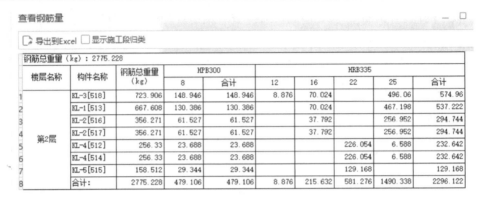

查看钢筋量

☐ 导出到Excel ☐ 显示施工段归类

钢筋总重量（kg）：2775.228

楼层名称	构件名称	钢筋总重量(kg)	HPB300		HRB335				
			8	合计	12	16	22	25	合计
第2层	KL-3[518]	723.906	148.946	148.946	8.876	70.024		496.06	574.96
	KL-1[513]	667.608	130.386	130.386		70.024		467.198	537.222
	KL-2[516]	356.271	61.527	61.527		37.792		256.952	294.744
	KL-2[517]	356.271	61.527	61.527		37.792		256.952	294.744
	KL-4[512]	256.33	23.688	23.688			226.054	6.588	232.642
	KL-4[514]	256.33	23.688	23.688			226.054	6.588	232.642
	KL-5[515]	158.512	29.344	29.344			129.168		129.168
	合计：	2775.228	479.106	479.106	8.876	215.632	581.276	1490.338	2296.122

图 2.5.14

查看构件图元工程量

构件工程量 | 做法工程量

	编码	项目名称	单位	工程量	单价	合价
1	010505001	有梁板	m³	5.8768		
2	A1-5-14	现浇建筑物混凝土平板、有梁板、无梁板	10m³	0.58526	874.65	511.8977
3	A1-5-51	泵送混凝土至建筑部位 高度50m以内(含±0.00以下)	10m³	0.58526	229.52	134.3289
4	011702014	有梁板	m²	58.526		
5	A1-20-75	有梁板模板 支模高度3.6m	100m²	0.58526	5674.28	3320.9291

图 2.5.15

在第 2 层建模窗口选中(点选或框选)全部现浇板,点击"工程量"选项卡下的"钢筋计算结果"面板中的"查看钢筋量"按钮,在弹出的"查看钢筋量"窗口即可看到现浇板的钢筋工程量,如图 2.5.16 所示。

查看钢筋量

☐ 导出到Excel ☐ 显示施工段归类

钢筋总重量（kg）：20.328

楼层名称	构件名称	钢筋总重量(kg)	HRB335	
			12	合计
第2层	B-100[522]	4.158	4.158	4.158
	B-100[523]	6.468	6.468	6.468
	B-100[524]	4.158	4.158	4.158
	B-100[535]	5.544	5.544	5.544
	合计：	20.328	20.328	20.328

图 2.5.16

任务6 阳台建模算量

知识目标

(1)掌握应用广联达 GTJ2021 软件进行阳台建模算量的操作流程及技巧;

(2)巩固并深化阳台清单定额工程量计算规则的核心知识;

(3)掌握工程造价数字化应用职业技能等级证书考试中的阳台建模算量相关知识。

能力目标

(1)能熟练应用广联达 GTJ2021 软件的表格算量法进行阳台钢筋工程量计算;

(2)能应用三维视图、云检查、云指标以及云对比等方法进行工程量核查纠错;

(3)能自主发现更多关于阳台建模算量的软件应用技巧。

思政素质目标

(1)树立注意细节的学习意识;

(2)锻炼活用软件巧算量的学习思维;

(3)培养随机应变、迎难而上的职业素养。

操作流程

2.6.1 阳台定义

(1)阳台板定义。

考虑到阳台板底天棚装饰建模算量需要依附于现浇板,故阳台板按"现浇板"构件进行建模算量。在建模状态下,楼层选择首层。鼠标左键双击"导航栏"下拉列表中的"现浇板"进入定义界面,点击"构件列表"面板中的"新建",选择"新建现浇板",在"属性列表"修改"名称"为"阳台板",修改"厚度"为"100",在"构件做法"窗口套取清单和定额,结合工程实际描述清单项目特征,正确选择或填写"工程量表达式",如图 2.6.1 所示。

图 2.6.1

(2)阳台栏板定义。

在建模状态下,楼层选择首层。鼠标左键双击"导航栏"下"其他"构件列表中的"栏板"进入定义界面,点击"构件列表"面板中的"新建",选择"新建矩形板",在"属性列表"修改"名称"为"阳台栏板",修改截面宽度、截面高度、起点底标高和终点底标高属性值,在"构件做法"窗口套取清单和定额,结合工程实际描述清单项目特征,正确选择或填写"工程量表达式",如图 2.6.2 所示。

【提示】阳台外立面装饰如果按"外墙面"定义与绘制,其装饰立面高度会按 0.9 m 计算,这与图纸阳台外立面装饰计算高度 1 m 不符,所以改为在此套取其外立面装饰构件做法更合适。

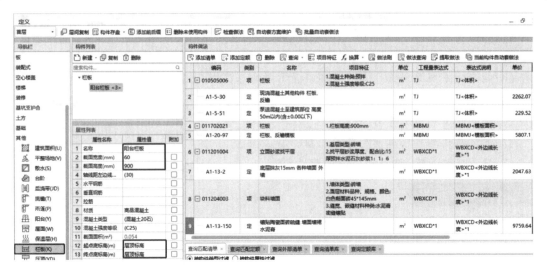

图 2.6.2

2.6.2 阳台绘制

（1）阳台板绘制。

关闭定义界面，返回板建模界面。在"构件列表"面板中选择"阳台板"，点击"建模"选项卡的"绘图"面板中的"矩形"画法，左手按住键盘上 Shift 键，右手移动鼠标捕捉 A 轴与 2 轴交点处 KZ2 下边线中点，在中点显示黄色三角形标志处单击鼠标左键，在弹出的"请输入偏移值"窗口中输入 XY 偏移值，确定"矩形"的左上角顶点，如图 2.6.3 所示。用同样的方法，以 A 轴与 3 轴交点处 KZ2 下边线中点为基准点，确定"矩形"的右下角顶点，输入 XY 偏移值，如图 2.6.4 所示。绘制好的阳台板如图 2.6.5 所示。

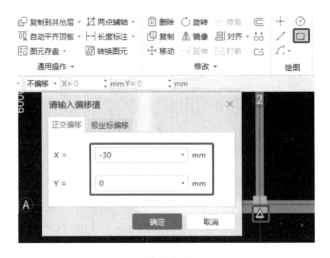

图 2.6.3

（2）阳台栏板绘制。

在首层建模状态下，在"导航栏"列表中选择"其他"构件中的"栏板"，在"绘图"面板中选择"直线"画法，鼠标移动至阳台板左上角顶点，左键单击，键盘上按 F4 键（手提电脑同时按

图 2.6.4

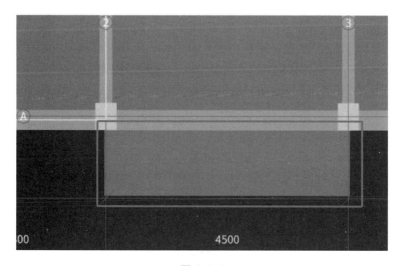

图 2.6.5

下 Fn＋F4 键）改变栏板插入点，让栏板的外边线对齐阳台板边，逆时针移动鼠标，分别在阳台板的左下角、右下角和右上角顶点单击，完成栏板的绘制，如图 2.6.6 所示。

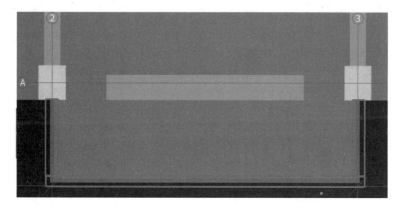

图 2.6.6

（3）阳台钢筋表格算量。

在"工程量"选项卡下选择"表格算量"，弹出"表格算量"窗口，在"钢筋"面板点击"构件"，新建一个"阳台板钢筋"构件，"构件数量"属性值输入"1"，在右边的钢筋编辑窗口上方菜单栏点击"参数输入"，在弹出的"图集列表"面板中选择"零星构件"列表中的"小檐"，如图 2.6.7 所示。

图 2.6.7

根据阳台图纸编辑"小檐"图形显示的钢筋信息，如图 2.6.8 所示。钢筋信息编辑完成后，一定要点击"图形显示"窗口右上角的"计算保存"，才能保存当前编辑的钢筋信息并计算出工程量，如图 2.6.9 所示。

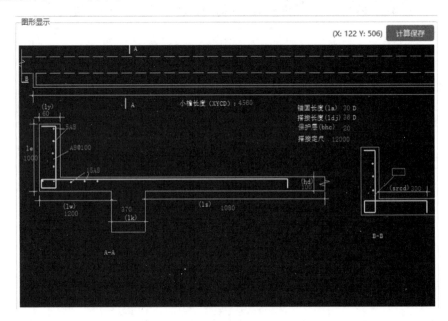

图 2.6.8

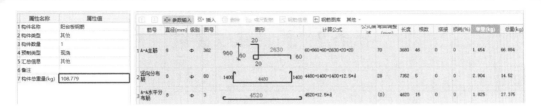

图 2.6.9

2.6.3　阳台工程量计算

（1）汇总计算。

使用快捷键方式进行汇总计算，键盘上按 F9 键，在弹出的"汇总计算"窗口中勾选首层阳台及栏板进行汇总计算。

（2）阳台板工程量

在首层建模窗口选中阳台板，点击"工程量"选项卡下的"土建计算结果"面板中的"查看工程量"按钮，在弹出的"查看构件图元工程量"窗口中选择查看"做法工程量"，如图 2.6.10 所示。

查看构件图元工程量

构件工程量　做法工程量

	编码	项目名称	单位	工程量	单价	合价
1	010505008	雨篷、悬挑板、阳台板	m³	0.5472		
2	A1-5-29	现浇混凝土其他构件 阳台、雨篷	10m³	0.05472	2284.2	124.9914
3	A1-5-51	泵送混凝土至建筑部位高度50m以内(含±0.00以下)	10m³	0.05472	229.52	12.5593
4	011702023	雨篷、悬挑板、阳台板	m²	5.472		
5	A1-20-94	阳台、雨篷模板 直形	100m²	0.05472	6583.62	360.2557

图 2.6.10

（3）阳台栏板工程量。

在首层建模状态下，选择"导航栏"列表中的"其他"构件中的"栏板"，框选全部"阳台栏板"，点击"工程量"选项卡下的"土建计算结果"面板中的"查看工程量"按钮，在弹出的"查看构件图元工程量"窗口中选择查看"做法工程量"，如图 2.6.11 所示。

查看构件图元工程量

构件工程量　做法工程量

	编码	项目名称	单位	工程量	单价	合价
1	010505006	栏板	m³	0.3694		
2	A1-5-30	现浇混凝土其他构件 栏板、反檐	10m³	0.03694	2262.07	83.5609
3	A1-5-51	泵送混凝土至建筑部位高度50m以内(含±0.00以下)	10m³	0.03694	229.52	8.4785
4	011702021	栏板	m²	12.312		
5	A1-20-97	栏板、反檐模板	100m²	0.12312	5807.1	714.9702
6	011201004	立面砂浆找平层	m²	6.96		
7	A1-13-2	底层抹灰15mm 各种墙面 外墙	100m²	0.0696	2047.63	142.515
8	011204003	块料墙面	m²	6.96		
9	A1-13-150	镶贴陶瓷面砖疏缝 墙面墙裙 水泥膏	100m²	0.0696	9759.64	679.2709

图 2.6.11

任务 7 雨篷建模算量

知识目标

(1) 掌握应用广联达 GTJ2021 软件进行雨篷建模算量的操作流程及技巧；

(2) 巩固并深化雨篷清单定额工程量计算规则的核心知识；

(3) 掌握工程造价数字化应用职业技能等级证书考试中的雨篷建模算量相关知识。

能力目标

(1) 能熟练应用广联达 GTJ2021 软件的表格算量法进行雨篷钢筋工程量计算；

(2) 能应用三维视图、云检查、云指标以及云对比等方法进行工程量核查纠错；

(3) 能自主发现更多关于雨篷建模算量的软件应用技巧。

思政素质目标

(1) 树立勤学多练、实践出真知的学习意识；

(2) 发扬积极主动、认真钻研的学习精神；

(3) 培养刻苦钻研、踏实肯干的职业素养。

操作流程

2.7.1 雨篷定义

(1) 雨篷板定义。

考虑到雨篷板底天棚装饰建模算量需要依附于现浇板,故雨篷板按"现浇板"构件进行建模算量。在建模状态下,楼层选择第 2 层。鼠标左键双击"导航栏"下拉列表中的"现浇板"进入定义界面,点击"构件列表"面板中的"新建",选择"新建现浇板",在"属性列表"修改"名称"为"雨篷板",修改"厚度"为"100",再从首层复制阳台板的"构件做法",粘贴到雨篷板"构件做法"窗口,修改模板清单项目特征,如图 2.7.1 所示。

图 2.7.1

(2) 雨篷反檐定义。

在建模状态下,楼层选择首层。鼠标左键双击"导航栏"下拉列表中的"其他"构件列表中的"反檐"进入定义界面,点击"构件列表"面板中的"新建",选择"新建矩形板",在"属性列表"修改"名称"为"雨篷反檐",修改截面宽度、截面高度、起点底标高和终点底标高属性值。在"构件做法"窗口套取清单和定额,注意反檐混凝土与模板工程量应包含在雨篷内不另行计算,在此仅考虑套取反檐外立面装饰的构件做法,结合工程实际描述清单项目特征,正确选择或填写"工程量表达式",如图 2.7.2 所示。

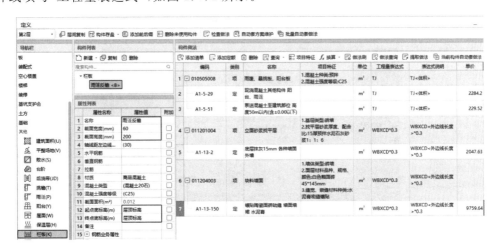

图 2.7.2

【提示】反檐外立面装饰如果按"外墙面"定义与绘制,其装饰立面高度会按 0.2 m 计算,这与图纸反檐外立面装饰计算高度 0.3 m 不符,所以改为在此套取外立面装饰构件做法更合适。

2.7.2 雨篷绘制

(1)雨篷板绘制。

关闭定义界面,返回板建模界面。"构件列表"面板中选择"雨篷板",点击"建模"选项卡"绘图"面板中"矩形"画法,左手按住键盘上 Shift 键,右手移动鼠标捕捉 C 轴与 1 轴交点处 KZ1 左上角顶点,单击鼠标左键,在弹出的"请输入偏移值"窗口中输入 XY 偏移值,确定"矩形"的左上角顶点,如图 2.7.3 所示。用同样的方法,以 A 轴与 4 轴交点处 KZ1 右下角为基准点,确定"矩形"的右下角顶点,输入 XY 偏移值,如图 2.7.4 所示。宽 600 mm 的雨篷板绘制完成,但是雨篷板的内边线伸至梁中心线是错误的,如图 2.7.5 所示,需要将雨篷板内边拉伸至对齐梁的外边线。

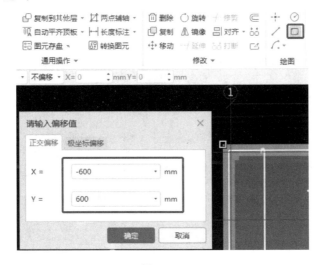

图 2.7.3

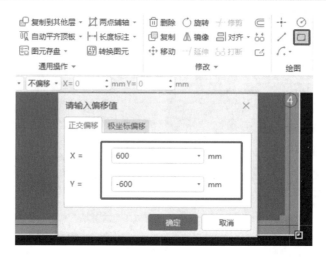

图 2.7.4

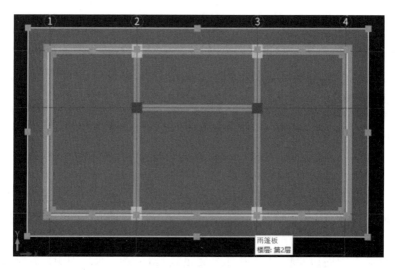

图 2.7.5

按住鼠标左键依次往外拖曳雨篷板内边线的绿色定位点,输入数值"185",如图 2.7.6 所示。按下键盘上的 Enter 键,雨篷板内边线即可变为对齐梁外边线。

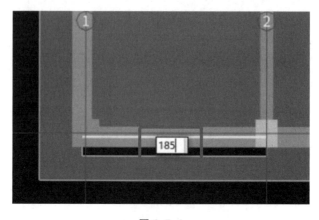

图 2.7.6

　　由于 2 轴～3 轴交 A 轴外侧的雨篷板宽为 1200 mm，所以还要在此处绘制一个宽 600 mm 的雨篷板。选用"绘图"面板中的"矩形"画法，左手按住键盘上 Shift 键，右手移动鼠标捕捉 A 轴与 2 轴交点处 KZ2 下边线中点，在中点显示黄色三角形标志处单击鼠标左键，在弹出的"请输入偏移值"窗口中输入 XY 偏移值，确定"矩形"的左上角顶点，如图 2.7.7 所示。用同样的方法，以 A 轴与 3 轴交点处 KZ2 下边线中点为基准点，确定"矩形"的右下角顶点，输入 XY 偏移值，如图 2.7.8 所示。

图 2.7.7

图 2.7.8

　　鼠标左键选中宽 600 mm 和 1200 mm 的两块雨篷板，点击鼠标右键，列表中选择"合并"，如图 2.7.9 所示，两块不同宽度的雨篷板就合并为一块了。

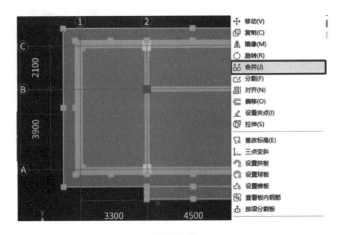

图 2.7.9

(2)雨篷反檐绘制。

在第 2 层建模状态下,在"导航栏"列表中选择"其他"构件中的"栏板",在"绘图"面板中选择"直线"画法,鼠标移动至雨篷板左上角顶点,左键单击,键盘上按 F4 键(手提电脑同时按下 Fn+F4 键)改变反檐插入点,让反檐的外边线对齐雨篷板外边,顺时针或逆时针移动鼠标,分别在雨篷板各个转角点单击,完成反檐的绘制,如图 2.7.10 所示。

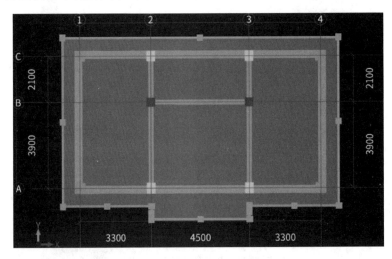

图 2.7.10

(3)雨篷钢筋表格算量。

在"工程量"选项卡下选择"表格算量",弹出"表格算量"窗口,在"钢筋"面板点击"构件",新建一个"1200 雨篷钢筋"构件,"构件数量"属性值输入"1",在右边的钢筋编辑窗口上方菜单栏点击"参数输入",在弹出的"图集列表"面板中选择"零星构件"列表中的"小檐",如图 2.7.11 所示。

根据雨篷图纸编辑"小檐"图形显示的钢筋信息,如图 2.7.12 所示。钢筋信息编辑完成后,一定要点击"图形显示"窗口右上角的"计算保存",才能保存当前编辑的钢筋信息并计算出工程量,如图 2.7.13 所示。

图 2.7.11

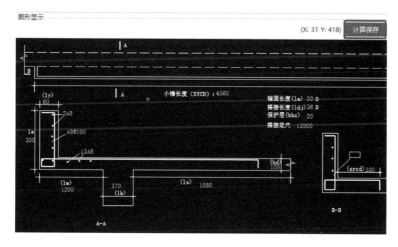

图 2.7.12

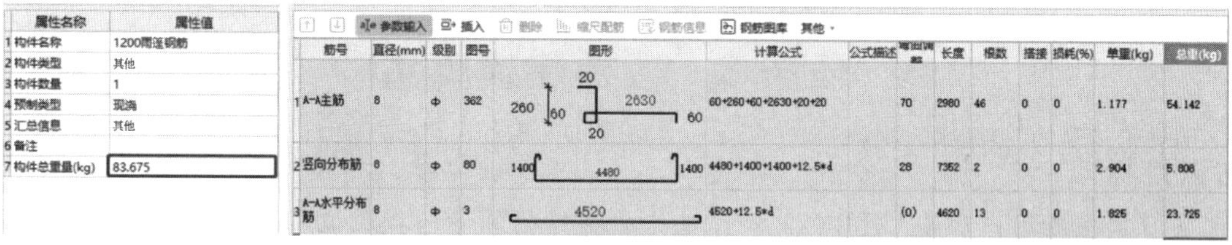

图 2.7.13

2.7.3 雨篷工程量计算

（1）汇总计算。

使用快捷键方式进行汇总计算，键盘上按 F9 键，在弹出的"汇总计算"窗口中勾选第 2 层雨篷及反檐进行汇总计算。

（2）雨篷板工程量

在第 2 层建模窗口中选中雨篷板，点击"工程量"选项卡下的"土建计算结果"面板中的"查看工程量"按钮，在弹出的"查看构件图元工程量"窗口中选择查看"做法工程量"，如图 2.7.14 所示。

查看构件图元工程量

	编码	项目名称	单位	工程量	单价	合价
1	010505008	雨篷、悬挑板、阳台板	m³	2.5896		
2	A1-5-29	现浇混凝土其他构件 阳台、雨篷	10m³	0.25896	2284.2	591.5164
3	A1-5-51	泵送混凝土至建筑部位 高度50m以内(含±0.00以下)	10m³	0.25896	229.52	59.4365
4	011702023	雨篷、悬挑板、阳台板	m²	25.896		
5	A1-20-94	阳台、雨篷模板 直形	100m²	0.25896	6583.62	1704.8942

图 2.7.14

(3)雨篷反檐工程量。

在第2层建模下,选择"导航栏"列表中的"其他"构件中的"栏板",框选全部"雨篷反檐"图元,点击"工程量"选项卡下的"土建计算结果"面板中的"查看工程量"按钮,在弹出的"查看构件图元工程量"窗口中选择查看"做法工程量",如图 2.7.15 所示。

查看构件图元工程量

	编码	项目名称	单位	工程量	单价	合价
1	010505008	雨篷、悬挑板、阳台板	m³	0.5035		
2	A1-5-29	现浇混凝土其他构件 阳台、雨篷	10m³	0.05035	2284.2	115.0095
3	A1-5-51	泵送混凝土至建筑部位 高度50m以内(含±0.00以下)	10m³	0.05035	229.52	11.5563
4	011201004	立面砂浆找平层	m²	12.66		
5	A1-13-2	底层抹灰15mm 各种墙面 外墙	100m²	0.1266	2047.63	259.23
6	011204003	块料墙面	m²	12.66		
7	A1-13-150	镶贴陶瓷面砖疏缝 墙面墙裙 水泥膏	100m²	0.1266	9759.64	1235.5704

图 2.7.15

任务8 楼梯建模算量

知识目标

(1)掌握应用广联达 GTJ2021 软件进行楼梯建模算量的操作流程及技巧;

(2)巩固并深化楼梯清单定额工程量计算规则的核心知识;

(3)掌握工程造价数字化应用职业技能等级证书考试中的楼梯建模算量相关知识。

能力目标

(1)能熟练应用广联达 GTJ2021 软件的表格算量法进行楼梯工程量计算;

(2)能应用三维视图、云检查、云指标以及云对比等方法进行工程量核查纠错;

(3)能自主发现更多关于楼梯建模算量的软件应用技巧。

思政素质目标

(1)培养勇攀高峰的意志力;

(2)锻炼活用软件巧算量的学习思维;

(3)培养认真细致、精益求精的职业素养。

操作流程

2.8.1 楼梯定义

（1）楼梯定义。

在建模状态下，楼层选择首层。鼠标左键双击"导航栏"列表中的"楼梯"进入定义界面，点击"构件列表"面板中的"新建"，选择"新建参数化楼梯"，弹出"选择参数化图形"窗口，参数化界面类型选择"标准双跑"，根据图纸修改楼梯的各项参数设置，如图 2.8.1 所示。

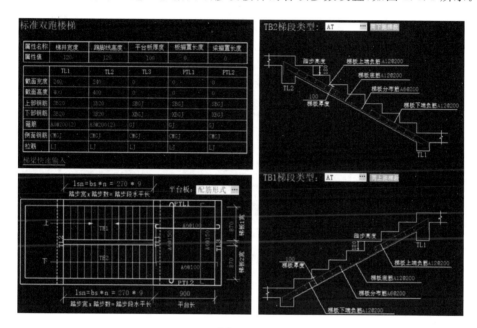

图 2.8.1

点击"选择参数化图形"窗口右下角的"确定"，退出参数编辑返回"定义"界面。点击"属性列表"面板中"栏杆扶手设置"项的属性值框右边"…"，在弹出的"栏杆扶手设置"窗口中可以根据图纸修改栏杆位置及高度等信息，注意此处还需要勾选"顶层楼梯"，这样顶层楼梯的横段栏杆长度才能算至墙面，如图 2.8.2 所示。

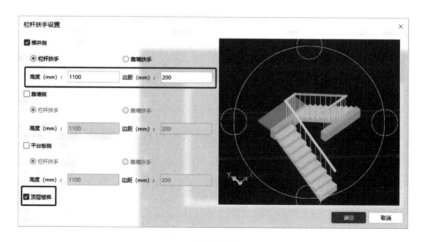

图 2.8.2

切换至"构件做法"窗口套取清单和定额,注意楼梯的装饰做法也需要在此套取,结合工程实际描述清单项目特征,正确选择或填写"工程量表达式",如图 2.8.3 所示。

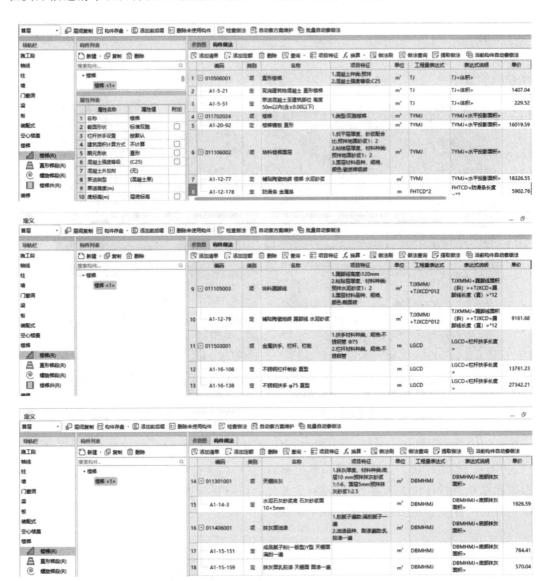

图 2.8.3

(2)TL1 定义。

根据"楼梯配筋图"中的"2-2 楼梯剖面图"可知,在连接下跑梯段的首层底标高(±0.000)处设置有 TL1,并没有包括在上面已经绘制好的参数化楼梯中,所以需要单独绘制,其工程量并入楼梯。

在建模状态下,楼层选择首层。鼠标左键双击"导航栏"列表中的"梁"进入定义界面,点击"构件列表"面板中的"新建",选择"新建矩形梁",在"属性列表"中修改"名称"为"TL1",根据图纸修改其他各项属性值,对照楼梯工程量计算规则正确套用构件做法,如图 2.8.4 所示。

图 2.8.4

2.8.2 楼梯绘制

（1）楼梯绘制。

关闭定义界面，返回板建模界面。点击"建模"选项卡下的"绘图"面板中的"点"画法，勾选建模窗口左上角的"旋转点"选项，如图 2.8.5 所示。

图 2.8.5

按下键盘上的 F4 键，改变楼梯插入点为梯段连接休息平台处 TL1 的左下角点，左键点击 TZ2 左下角顶点，顺时针移动鼠标至 A 轴垂点，左键单击垂点，完成楼梯的绘制，如图 2.8.6 所示。

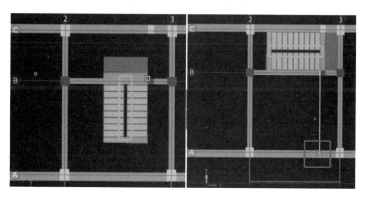

图 2.8.6

（2）TL1 绘制。

关闭定义界面，返回首层建模界面。在"绘图"面板中选择"直线"画法，借助已经绘制好的楼梯模型，鼠标左键选择楼梯口处 TL1 上端中点作为起点，左手按住键盘上 Shift 键，右手用鼠标左键再次点击起点，在弹出的窗口中输入 XY 偏移值，如图 2.8.7 所示。此时绘制好的 TL1 是粉色的，左键选中 TL1，点击鼠标右键，列表中左键选择"重提梁跨"，单击右键确认，TL1 变成了绿色，这样才可以汇总计算其工程量。

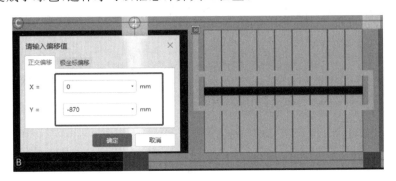

图 2.8.7

（3）梯口现浇板绘制。

根据"楼梯配筋图"中的"休息平台配筋图"可知，与第 2 层楼板连接的梯口处设置有现浇板。在建模状态下，在"导航栏"列表中选择"现浇板"，在"构件列表"面板中选择现浇板"B-100"，在"绘图"面板中选择"矩形"画法，借助已经绘制好的楼梯模型，用鼠标左键分别点击矩形的右上角和左下角顶点，完成现浇板的绘制，如图 2.8.8 所示。

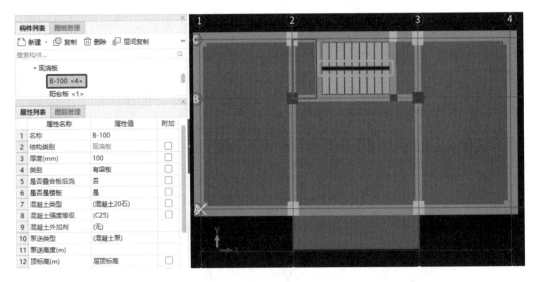

图 2.8.8

根据"楼梯配筋图"中的"休息平台配筋图"可知，梯口现浇板为双层双向布筋。在建模状态下，在"导航栏"列表中选中"板受力筋"，在"板受力筋二次编辑"面板中点击"布置受力筋"，建模窗口上方布筋选项栏中点选"单板"和"XY 方向"，建模窗口右上角"智能布置"窗口中输入 X 方向和 Y 方向底筋信息，鼠标移动至该现浇板上单击一次，完成钢筋的绘制，如图 2.8.9 所示。

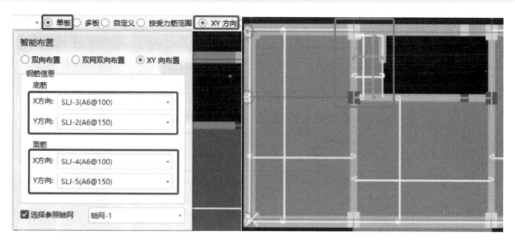

图 2.8.9

2.8.3 楼梯工程量计算

（1）汇总计算。

使用快捷键方式进行汇总计算，键盘上按 F9 键，在弹出的"汇总计算"窗口中勾选首层楼梯及相关构件进行汇总计算。

（2）楼梯工程量。

在首层建模窗口选中楼梯，点击"工程量"选项卡下的"土建计算结果"面板中的"查看工程量"按钮，在弹出的"查看构件图元工程量"窗口中选择查看"做法工程量"，如图 2.8.10 所示。

查看构件图元工程量

构件工程量	做法工程量

	编码	项目名称	单位	工程量	单价	合价
1	010506001	直形楼梯	m³	1.4607		
2	A1-5-21	现浇建筑物混凝土 直形楼梯	10m³	0.1459	1407.04	205.2871
3	A1-5-51	泵送混凝土至建筑部位 高度50m以内(含±0.00以下)	10m³	0.1459	229.52	33.487
4	011702024	楼梯	m²	6.6402		
5	A1-20-92	楼梯模板 直形	100m²	0.066402	16019.59	1063.7328
6	011106002	块料楼梯面层	m²	6.6402		
7	A1-12-77	铺贴陶瓷地砖 楼梯 水泥砂浆	100m²	0.066402	18326.55	1216.9196
8	A1-12-178	防滑条 金属条	100m	0.228	5902.76	1345.8293
9	011105003	块料踢脚线	m²	84.8118		
10	A1-12-79	铺贴陶瓷地砖 踢脚线 水泥砂浆	100m²	0.848118	9161.68	7770.1857
11	011503001	金属扶手、栏杆、栏板	m	8.1502		
12	A1-16-108	不锈钢栏杆制安 直型	100m	0.081502	13761.23	1121.5678
13	A1-16-138	不锈钢扶手 φ75 直型	100m	0.081502	27342.21	2228.4448
14	011301001	天棚抹灰	m²	9.4756		
15	A1-14-3	水泥石灰砂浆底 石灰砂浆面 10+5mm	100m²	0.096676	1926.59	186.255
16	011406001	抹灰面油漆	m²	9.4756		
17	A1-15-151	成品腻子粉(一般型)Y型 天棚面 满刮一遍	100m²	0.096676	764.41	73.9001
18	A1-15-159	抹灰面乳胶漆 天棚面 面漆一遍	100m²	0.096676	570.04	55.1092

图 2.8.10

（3）楼梯钢筋工程量。

在建模窗口选中楼梯，点击"工程量"选项卡下的"钢筋计算结果"面板中的"查看钢筋量"按钮，在弹出的"查看钢筋量"窗口即可查看楼梯的钢筋工程量，如图 2.8.11 所示。

			查看钢筋量						

查看钢筋量

□ 导出到Excel　□ 显示施工段归类

钢筋总重量（kg）：189.776

楼层名称	构件名称	钢筋总重量（kg）	HPB300				HRB335	
			6	8	12	合计	20	合计
1	首层 TL1[2432]	21.042		2.718		2.718	18.324	18.324
2	楼梯[671]	168.734	23.185	9.38	52.295	84.86	83.874	83.874
3	合计：	189.776	23.185	12.098	52.295	87.578	102.198	102.198

图 2.8.11

任务9　砌体墙、门窗、过梁建模算量

知识目标

（1）掌握应用广联达 GTJ2021 软件进行砌体墙、门窗、过梁建模算量的操作流程及方法；

（2）巩固并深化砌体墙、门窗、过梁清单定额工程量计算规则的核心知识；

（3）掌握工程造价数字化应用职业技能等级证书考试中的砌体墙、门窗、过梁建模算量相关知识。

能力目标

（1）能熟练应用广联达 GTJ2021 软件进行砌体墙、门窗、过梁建模算量；

（2）能应用三维视图、云检查、云指标以及云对比等方法进行工程量核查纠错；

（3）能自主发现更多关于砌体墙、门窗、过梁建模算量的软件应用技巧。

思政素质目标

（1）树立隐私保护的自主意识；

（2）发扬互帮互助、团结进取的学习精神；

（3）培养踏实肯干、吃苦耐劳的职业素养。

操作流程

2.9.1　首层砌体墙定义与绘制

（1）砌体墙定义。

根据项目图纸墙体为标准砖墙，"首层平面图"外墙厚度设计值为 370 mm，对照"标准砖墙体计算厚度规定表"可知工程量计算厚度应为 365 mm，如图 2.9.1 所示。

砖数/厚度	1/4	1/2	3/4	1	1又1/4	1又1/2	2	2又1/2	3
计算厚度/mm	53	115	180	240	300	365	490	615	740

图 2.9.1

在建模状态下，楼层选择首层。鼠标左键双击"导航栏"列表中的"墙"构件下的"砌体墙"进入定义界面，点击"构件列表"面板中的"新建"，选择"新建外墙"，在"属性列表"修改

"名称"为"外墙-365",修改"厚度"为"365",在"构件做法"窗口套取清单和定额,结合工程实际描述清单项目特征,正确选择或填写"工程量表达式",如图 2.9.2 所示。

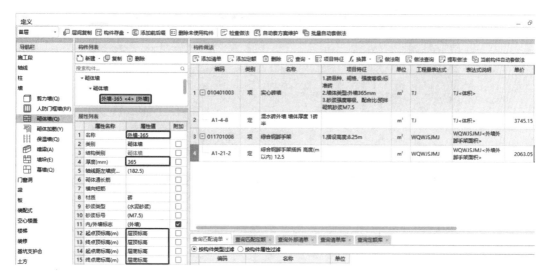

图 2.9.2

【提示】综合钢脚手架属于措施项目,无法用建模方式来算量。项目施工时综合钢脚手架搭设在外墙外立面,根据其工程量计算规则,在"砌体墙"的"外墙"中一并套用综合钢脚手架的清单及定额,即可计算出其工程量。

点击"构件列表"面板中的"新建",选择"新建外墙",在"属性列表"修改"名称"为"内墙-240",修改"厚度"为"240",在"构件做法"窗口套取清单和定额,结合工程实际描述清单项目特征,正确选择或填写"工程量表达式",如图 2.9.3 所示。

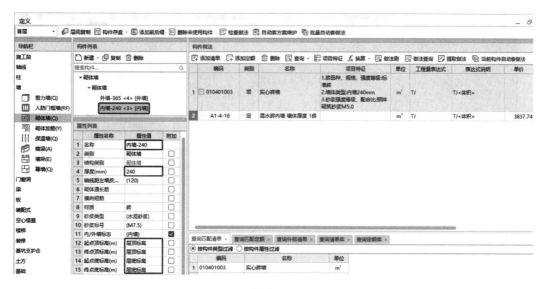

图 2.9.3

(2)砌体墙绘制。

关闭定义界面,返回首层砌体墙建模界面,打开并定位"首层平面图",根据图纸外墙的外边线对齐柱和梁外边。在"构件列表"中点击"外墙-365",选择"绘图"面板中的"矩形"画法,左键捕捉 1 轴与 C 轴交点处 KZ1 左上角顶点,以其为起点,移动鼠标至 4 轴与 A 轴交点处 KZ1 右下角顶点,以其为终点,完成外墙的绘制,隐藏"CAD 原始图层",如图 2.9.4 所示。

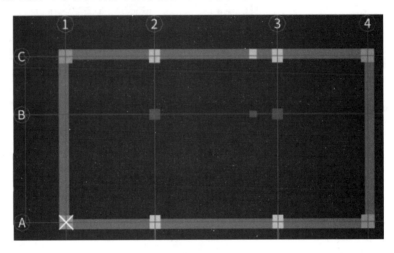

图 2.9.4

根据图纸,首层内墙中心线对齐轴线。点击"智能布置"在下拉列表中选择"轴线",鼠标左键分别点选 2 轴和 3 轴,框选 B 轴交 2 轴~3 轴的一段轴线,完成内墙的绘制,如图 2.9.5 所示。

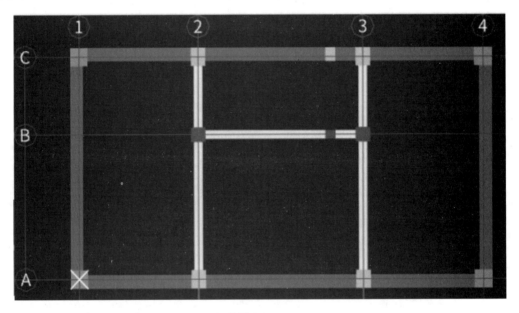

图 2.9.5

2.9.2 首层门定义与绘制

(1)首层门定义。

在建模状态下,楼层选择首层。鼠标左键双击"导航栏"列表中的"门窗洞"构件下的"门",进入定义界面。点击"构件列表"面板中的"新建",选择"新建矩形门",在"属性列表"修改洞口宽度、洞口高度、框上下扣尺寸和框左右扣尺寸等属性值,在"构件做法"窗口套取

清单和定额,结合工程实际描述清单项目特征,正确选择或填写"工程量表达式",如图 2.9.6
所示。M-2、M-3 的定义方法同 M-1,注意构件做法可能需要根据图纸做相应的修改。

图 2.9.6

(2)首层门绘制。

关闭定义界面,返回建模界面,打开并定位"首层平面图"。点击"绘图"面板中的"点"画
法,在"构件列表"中选择"M-1",捕捉定位图纸中 M-1 左下角点,如图 2.9.7 所示。单击鼠
标左键,完成 M-1 的绘制,用同样的方法完成 M-2 和 M-3 的绘制,隐藏"首层平面图"的
"CAD 原始图层",如图 2.9.8 所示。

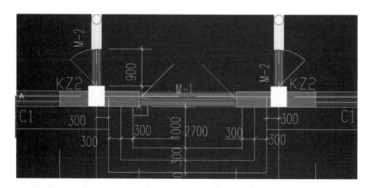

图 2.9.7

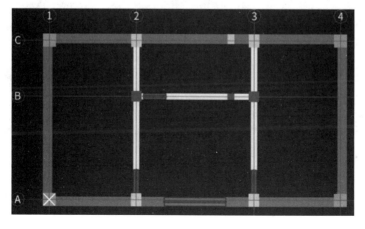

图 2.9.8

2.9.3 首层窗定义与绘制

（1）首层窗定义。

在建模状态下，楼层选择首层。鼠标左键双击"导航栏"列表中的"门窗洞"构件下的"窗"，进入定义界面。点击"构件列表"面板中的"新建"，选择"新建矩形窗"，在"属性列表"修改洞口宽度、洞口高度、离地高度、框上下扣尺寸和框左右扣尺寸等属性值，在"构件做法"窗口套取清单和定额，结合工程实际描述清单项目特征，正确选择或填写"工程量表达式"，如图2.9.9所示。C-2的定义方法同C-1，注意构件做法可能需要根据图纸做相应的修改。

图 2.9.9

（2）首层窗绘制。

关闭定义界面，返回建模界面，打开并定位"首层平面图"。点击"绘图"面板中的"点"画法，在"构件列表"中选择"C-1"，捕捉定位图纸中 C-1 左下角点，单击鼠标左键，完成 C-1 的绘制，用同样的方法完成 C-2 的绘制，隐藏"首层平面图"的 CAD 原始图层，如图 2.9.10 所示。

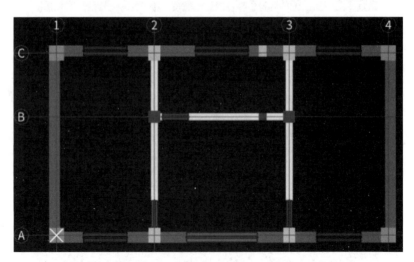

图 2.9.10

2.9.4　第 2 层砌体墙、门窗定义与绘制

（1）复制首层砌体墙、门窗。

在首层建模状态下，点击"选择"面板中"批量选择"，在弹出的"批量选择"窗口中勾选首层中的砌体墙、门（M-1 除外）和窗，如图 2.9.11 所示，点击"确定"完成选择。

点击"通用操作"面板的上"复制到其他层"，在弹出的窗口中勾选"第 2 层"，如图 2.9.12 所示。点击"确定"完成将当前选中构件复制到第 2 层，如图 2.9.13 所示。

图 2.9.11　　　　　　　　　　　　图 2.9.12

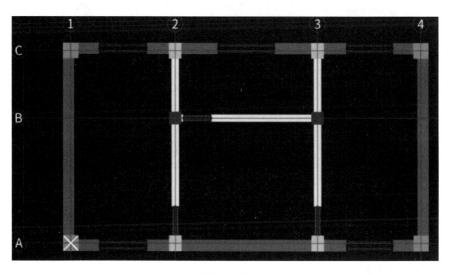

图 2.9.13

（2）门联窗 MLC-1 定义与绘制。

在第 2 层建模状态下，鼠标左键双击"导航栏"列表中的"门窗洞"构件下的"门联窗"，进入定义界面。点击"构件列表"面板中的"新建"，选择"新建门联窗"，在"属性列表"修改洞口

宽度、洞口高度、窗宽度、门离地高度、窗位置等属性值，在"构件做法"窗口套取清单和定额，结合工程实际描述清单项目特征，正确选择或填写"工程量表达式"，如图 2.9.14 所示。

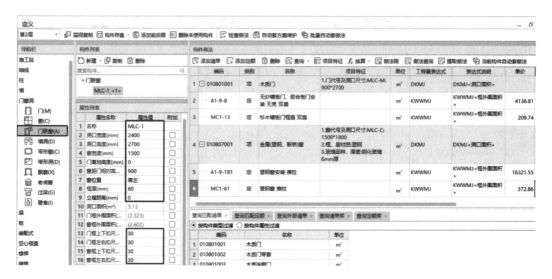

图 2.9.14

关闭定义界面，返回建模界面，打开并定位"首层平面图"。点击"绘图"面板中的"点"画法，捕捉定位图纸 MLC-1 左下角点，单击鼠标左键，完成 MLC-1 的绘制，如图 2.9.15 所示。

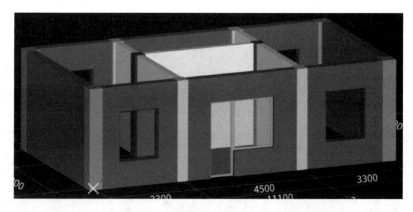

图 2.9.15

点击"动态观察"查看三维视图，检查 MLC-1 窗的位置是否正确，如果需要修改，则选中 MLC-1，在"属性列表"中点击"窗位置"修改属性值为"靠左"或"靠右"即可。

2.9.5 生成过梁

在首层建模状态下，选择"导航栏"列表中的"门窗洞"构件下的"过梁"，在"过梁二次编辑"面板中选择"生成过梁"，在弹出的"生成过梁"窗口中修改"布置位置""布置条件"等设置，如图 2.9.16 所示。

点击"确定"，自动生成了首层及第 2 层门窗上方的过梁，如图 2.9.17 所示。

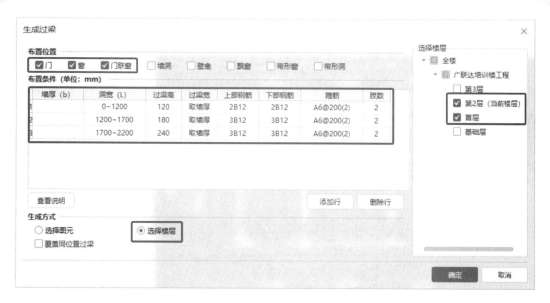

图 2.9.16

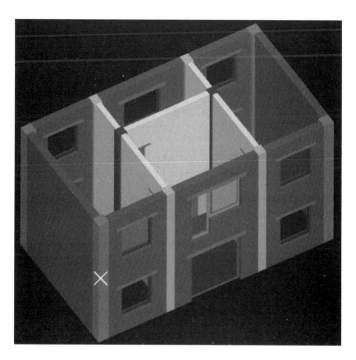

图 2.9.17

　　双击"导航栏"列表中的"门窗洞"构件下的"过梁",进入定义界面,在"构件列表"中选择"GL-120",在"构件做法"窗口中套取清单和定额,结合工程实际描述清单项目特征,正确选择或填写"工程量表达式",如图 2.9.18 所示。

　　选中"GL-120"套取的构件做法,点击"做法刷",在弹出的"做法刷"窗口中勾选首层和第2层的全部过梁,如图 2.9.19 所示,点击"确定"退出,即完成全部过梁粘贴"GL-120"的构件做法。

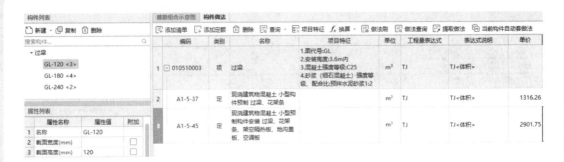

图 2.9.18

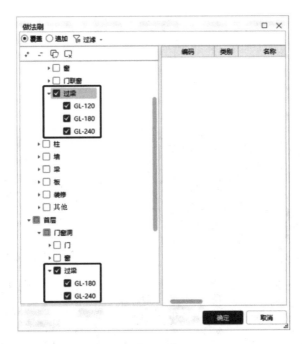

图 2.9.19

2.9.6 砌体墙、门窗、过梁工程量计算

（1）汇总计算。

使用快捷键方式进行汇总计算，按下 F9 键，在弹出的"汇总计算"窗口中勾选首层和第 2 层的砌体墙、门、窗、门联窗和过梁进行汇总计算。

（2）砌体墙工程量。

在首层"工程量"选项卡状态下，选择"导航栏"列表中的"砌体墙"，框选全部砌体墙，点击"土建计算结果"面板中的"查看工程量"按钮，在弹出的"查看构件图元工程量"窗口中选择查看"做法工程量"，如图 2.9.20 所示。

（3）门工程量。

在首层"工程量"选项卡状态下，选择"导航栏"列表中的"门"，框选首层全部门，点击"土建计算结果"面板中的"查看工程量"按钮，在弹出的"查看构件图元工程量"窗口中选择查看"做法工程量"，如图 2.9.21 所示。

查看构件图元工程量

构件工程量 | 做法工程量

	编码	项目名称	单位	工程量	单价	合价
1	010401003	实心砖墙	m³	25.9755		
2	A1-4-8	混水砖外墙 墙体厚度1砖半	10m³	2.59755	3745.15	9728.2144
3	011701008	综合钢脚手架	m²	146.61		
4	A1-21-2	综合钢脚手架搭拆 高度(m以内) 12.5	100m²	1.4661	2063.05	3024.6376
5	010401003	实心砖墙	m³	8.9314		
6	A1-4-16	混水砖内墙 墙体厚度1砖	10m³	0.89314	3837.74	3427.6391

图 2.9.20

查看构件图元工程量

构件工程量 | 做法工程量

	编码	项目名称	单位	工程量	单价	合价
1	010801001	木质门	m²	6.48		
2	A1-9-8	无纱镶板门、胶合板门安装 无亮 双扇	100m²	0.063279	4136.81	261.7732
3	MC1-13	杉木镶板门框扇 双扇	m²	6.3279	209.74	1327.2137
4	010801001	木质门	m²	4.32		
5	A1-9-8	无纱镶板门、胶合板门安装 无亮 双扇	100m²	0.041238	4136.81	170.5938
6	MC1-17	杉木胶合板门框扇 单扇	m²	4.1238	209.74	864.9258
7	010801001	木质门	m²	1.89		
8	A1-9-8	无纱镶板门、胶合板门安装 无亮 双扇	100m²	0.018009	4136.81	74.4998
9	MC1-17	杉木胶合板门框扇 单扇	m²	1.8009	209.74	377.7208

图 2.9.21

（4）窗工程量。

在首层"工程量"选项卡状态下,选择"导航栏"列表中的"窗",框选首层全部窗,点击"土建计算结果"面板中的"查看工程量"按钮,在弹出的"查看构件图元工程量"窗口中选择查看"做法工程量",如图 2.9.22 所示。

查看构件图元工程量

构件工程量 | 做法工程量

	编码	项目名称	单位	工程量	单价	合价
1	010807001	金属(塑钢、断桥)窗	m²	10.8		
2	A1-9-181	塑钢窗安装 推拉	100m²	0.104076	16321.55	1698.6816
3	MC1-61	塑钢窗 推拉	m²	10.4076	372.86	3880.5777
4	010807001	金属(塑钢、断桥)窗	m²	3.24		
5	A1-9-181	塑钢窗安装 推拉	100m²	0.031329	16321.55	511.3378
6	MC1-61	塑钢窗 推拉	m²	3.1329	372.86	1168.1331

图 2.9.22

（5）过梁工程量。

在首层"工程量"选项卡状态下,选择"导航栏"列表中的"过梁",框选首层全部过梁,点击"土建计算结果"面板中的"查看工程量"按钮,在弹出的"查看构件图元工程量"窗口中选择查看"做法工程量",如图 2.9.23 所示。

查看构件图元工程量

构件工程量	做法工程量

	编码	项目名称	单位	工程量	单价	合价
1	010510003	过梁	m³	1.0819		
2	A1-5-37	现浇建筑物混凝土 小型构件预制 过梁、花架条	10m³	0.10819	1316.26	142.4062
3	A1-5-45	现浇建筑物混凝土 小型预制构件安装 过梁、花架条、架空隔热板、地沟盖板、空调板	10m³	0.10819	2901.75	313.9403

图 2.9.23

在首层"工程量"选项卡状态下,框选首层全部过梁,点击"工程量"选项卡下的"钢筋计算结果"面板中的"查看钢筋量"按钮,在弹出的"查看钢筋量"窗口中即可看到首层过梁的钢筋工程量,如图 2.9.24 所示。使用上述同样的方法,可以查看到第 2 层砌体墙、门、窗、门联窗和过梁的钢筋工程量,此处略。

查看钢筋量

☐ 导出到Excel ☐ 显示施工段归类

钢筋总重量 (kg) : 105.993

	楼层名称	构件名称	钢筋总重量 (kg)	HPB300		HRB335	
				6	合计	12	合计
1	首层	GL-120[806]	5.716	1.204	1.204	4.512	4.512
2		GL-120[807]	5.536	1.204	1.204	4.332	4.332
3		GL-120[808]	5.536	1.204	1.204	4.332	4.332
4		GL-180[802]	13.34	2.948	2.948	10.392	10.392
5		GL-180[803]	13.34	2.948	2.948	10.392	10.392
6		GL-180[804]	13.34	2.948	2.948	10.392	10.392
7		GL-180[805]	13.34	2.948	2.948	10.392	10.392
8		GL-240[801]	15.875	3.887	3.887	11.988	11.988
9		GL-240[918]	19.97	4.784	4.784	15.186	15.186
10		合计:	105.993	24.075	24.075	81.918	81.918

图 2.9.24

任务 10　女儿墙、构造柱、压顶、屋面建模算量

知识目标

(1)掌握应用广联达 GTJ2021 软件进行女儿墙、构造柱、压顶、屋面建模算量的操作流程及方法;

(2)巩固并深化女儿墙、构造柱、压顶、屋面清单定额工程量计算规则的核心知识;

(3)掌握工程造价数字化应用职业技能等级证书考试中的女儿墙、构造柱、压顶、屋面建模算量相关知识。

能力目标

(1)能熟练应用广联达 GTJ2021 软件进行女儿墙、构造柱、压顶、屋面建模算量;

(2)能应用三维视图、云检查、云指标以及云对比等方法进行工程量核查纠错;

(3)能自主发现更多关于女儿墙、构造柱、压顶、屋面建模算量的软件应用技巧。

思政素质目标

(1)抒发甘愿在逆境中为国效力的爱国情怀;

(2)发扬务真求实的钻研精神;

(3)培养踏实肯干、吃苦耐劳的职业素养。

操作流程

2.10.1 女儿墙定义与绘制

(1)女儿墙定义。

女儿墙平面位置详见"屋顶平面图",立面构造详见"1-1 剖面图"。

在建模状态下,楼层选择第 3 层。鼠标左键双击"导航栏"列表中的"墙"构件下的"砌体墙"进入定义界面,点击"构件列表"面板中的"新建",选择"新建外墙",在"属性列表"修改"名称"为"女儿墙-240",修改厚度、标高等属性值,在"构件做法"窗口套取清单和定额,结合工程实际描述清单项目特征,正确选择或填写"工程量表达式",如图 2.10.1 所示。

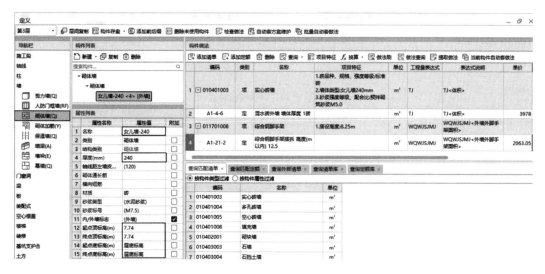

图 2.10.1

【提示】综合钢脚手架属于措施项目,无法用建模方式来算量。项目施工时综合钢脚手架搭设在外墙外立面,根据其工程量计算规则,在"砌体墙"的"外墙"中一并套用综合钢脚手架的清单及定额,即可计算出其工程量。

(2)女儿墙绘制。

关闭定义界面,返回建模界面,打开并定位"屋顶平面图",根据图纸中女儿墙的外边线对齐柱外边。在"绘图"面板选择"矩形"画法,左键捕捉 1 轴与 C 轴交点处 GZ 左上角顶点,以其为起点,移动鼠标至 4 轴与 A 轴交点处 GZ 右下角顶点,以其为终点,完成女儿墙的绘制,隐藏"CAD 原始图层",如图 2.10.2 所示。

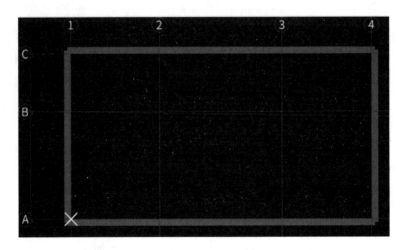

图 2.10.2

2.10.2　构造柱定义与绘制

（1）构造柱定义。

在第 3 层建模状态下，鼠标左键双击"导航栏"列表中的"柱"构件下的"构造柱"，进入定义界面。点击"构件列表"面板中的"新建"，选择"新建矩形构造柱"，在"属性列表"修改截面宽度、截面高度、全部纵筋、箍筋、底标高和顶标高等属性值，在"构件做法"窗口中套取清单和定额，结合工程实际描述清单项目特征，正确选择或填写"工程量表达式"，如图 2.10.3 所示。

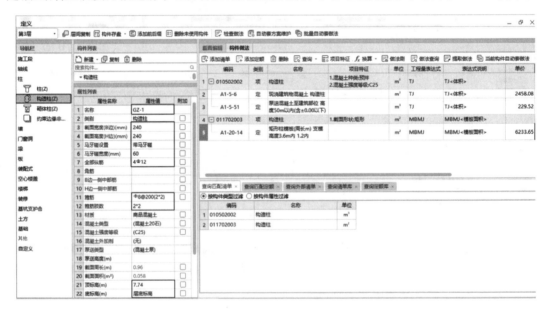

图 2.10.3

（2）构造柱绘制。

关闭定义界面，返回建模界面，打开并定位"屋顶平面图"。点击"绘图"面板中的"点"画法，逐一捕捉定位图纸中各个 GZ 的中点，单击鼠标左键，完成 8 个 GZ 的绘制，隐藏"CAD原始图层"，如图 2.10.4 所示。

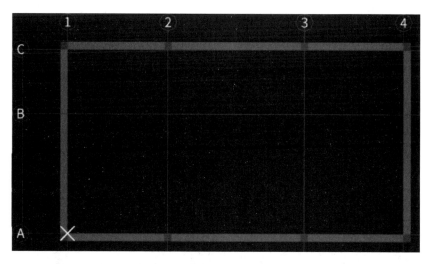

图 2.10.4

2.10.3　压顶定义与绘制

（1）压顶定义。

压顶位于女儿墙正上方，根据"压顶钢筋配置图"可知压顶内配置有钢筋，为了方便钢筋工程量的计算，压顶选择按"圈梁"定义与绘制。

在第 3 层建模状态下，鼠标左键双击"导航栏"列表中的"梁"构件下的"圈梁"，进入定义界面。点击"构件列表"面板中的"新建"，选择"新建矩形圈梁"，在"属性列表"修改"名称"为"压顶"，修改截面宽度、截面高度、下部钢筋、箍筋等属性值，在"构件做法"窗口套取清单和定额，注意压顶的装饰做法也需要在此套取，结合工程实际描述清单项目特征，正确选择或填写"工程量表达式"，如图 2.10.5 所示。

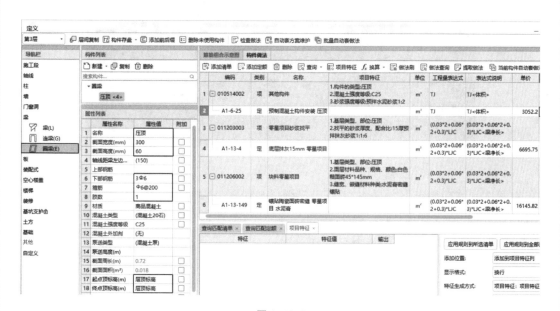

图 2.10.5

（2）压顶绘制。

关闭定义界面，返回建模界面。选择"智能布置"画法列表中的"墙中心线"，左键拉框选择全部女儿墙，单击鼠标右键确认，完成压顶的绘制，如图 2.10.6 所示。

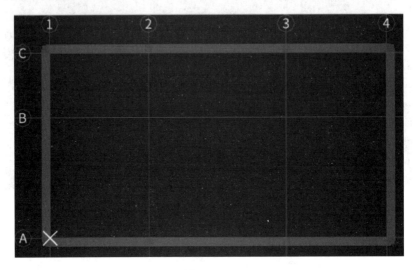

图 2.10.6

2.10.4　屋面定义与绘制

（1）屋面定义。

根据"1-1 剖面图"可知，女儿墙内板顶屋面和女儿墙外雨篷顶屋面做法不同，所以要分开定义和绘制，如图 2.10.7 所示。

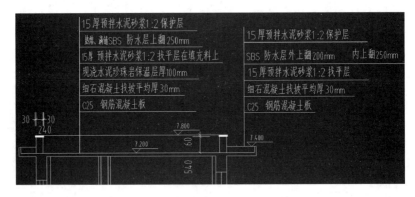

图 2.10.7

在第 3 层建模状态下，鼠标左键双击"导航栏"列表中的"其他"构件下的"屋面"，进入定义界面。点击"构件列表"面板中的"新建"，选择"新建屋面"，在"属性列表"修改"名称"为"板顶屋面"，修改"底标高"属性值为"层底标高"，在"构件做法"窗口套取清单和定额，结合工程实际描述清单项目特征，正确选择或填写"工程量表达式"，如图 2.10.8 所示。

在屋面定义界面，切换楼层为"第 2 层"。点击"构件列表"面板中的"新建"，选择"新建屋面"，在"属性列表"修改"名称"为"雨篷顶屋面"，在"构件做法"窗口中套取清单和定额，结合工程实际描述清单项目特征，正确选择或填写"工程量表达式"，如图 2.10.9 所示。

图 2.10.8

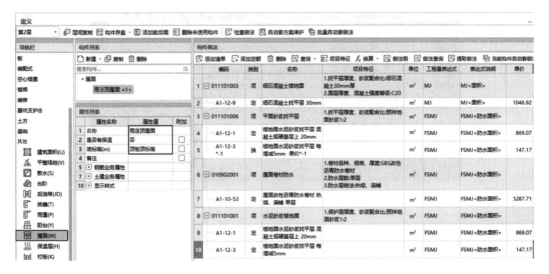

图 2.10.9

（2）屋面绘制。

关闭定义界面,返回建模界面,切换楼层为"第3层"。点击"绘图"面板中的"点"画法,鼠标移动至女儿墙范围内,单击左键,"板顶屋面"绘制完成。但还需要设置防水卷边的高度,点击"屋面二次编辑"面板上的"设置防水卷边",在建模窗口用鼠标左键点选屋面图元,再点击右键确认,在弹出的窗口中输入"卷边高度"为"250",点击"确定"退出,完成板顶屋面的绘制,如图 2.10.10 所示。

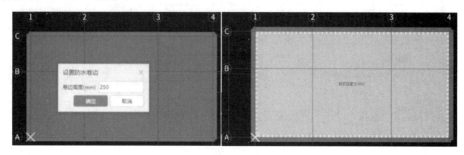

图 2.10.10

在"屋面"建模界面,切换楼层为"第 2 层"。点击"绘图"面板中的"点"画法,鼠标移动至雨篷板顶,单击左键,"雨篷顶屋面"绘制完成,但还需要设置屋面防水卷边的高度,注意雨篷顶屋面内外侧防水卷边的高度不同。点击"屋面二次编辑"面板上的"设置防水卷边",在建模窗口用鼠标左键点选屋面图元,再点击右键确认,在弹出的窗口中输入"卷边高度"为"250",点击"确定"退出,此时内外侧防水卷边高度全都改为 250 mm。点击"屋面二次编辑"面板上的"查改防水卷边",修改雨篷外侧防水卷边高度为 200 mm,完成雨篷顶屋面的绘制,如图 2.10.11 所示。

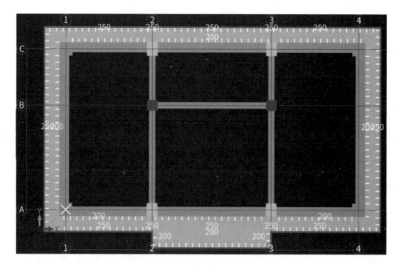

图 2.10.11

2.10.5 女儿墙、构造柱、压顶、屋面工程量计算

(1)汇总计算。

使用快捷键方式进行汇总计算,按下 F9 键,在弹出的"汇总计算"窗口中勾选第 3 层的女儿墙、构造柱、屋面和第 2 层的屋面进行汇总计算。

(2)查看工程量。

在第 2 层"工程量"选项卡状态下,选择"导航栏"列表中的"屋面",框选雨篷顶屋面图元,点击"土建计算结果"面板中的"查看工程量"按钮,在弹出的"查看构件图元工程量"窗口中选择查看"做法工程量",如图 2.10.12 所示。

查看构件图元工程量

构件工程量 | 做法工程量

	编码	项目名称	单位	工程量	单价	合价
1	011101003	细石混凝土楼地面	m²	23.3784		
2	A1-12-9	细石混凝土找平层 30mm	100m²	0.233784	1046.92	244.7531
3	011101006	平面砂浆找平层	m²	40.7724		
4	A1-12-1	楼地面水泥砂浆找平层 混凝土或硬基层上 20mm	100m²	0.407724	869.07	354.3407
5	A1-12-3 *-1	楼地面水泥砂浆找平层 每增减5mm 单价 -1	100m²	0.407724	147.17	60.0047
6	010902001	屋面卷材防水	m²	40.7724		
7	A1-10-53	屋面改性沥青防水卷材 热熔、满铺 单层	100m²	0.407724	5287.71	2155.9263
8	011101001	水泥砂浆楼地面	m²	40.7724		
9	A1-12-1	楼地面水泥砂浆找平层 混凝土或硬基层上 20mm	100m²	0.407724	869.07	354.3407
10	A1-12-3	楼地面水泥砂浆找平层 每增减5mm	100m²	0.407724	147.17	60.0047

图 2.10.12

切换到第 3 层"工程量"选项卡状态,选择"导航栏"列表中的"砌体墙",框选女儿墙图元,点击"土建计算结果"面板中的"查看工程量"按钮,在弹出的"查看构件图元工程量"窗口中选择查看"做法工程量",如图 2.10.13 所示。

查看构件图元工程量

构件工程量 | 做法工程量

	编码	项目名称	单位	工程量	单价	合价
1	010401003	实心砖墙	m³	4.256		
2	A1-4-6	混水砖外墙 墙体厚度 1砖	10m³	0.4256	3978	1693.0368
3	011701008	综合钢脚手架	m²	19.548		
4	A1-21-2	综合钢脚手架搭拆 高度(m以内) 12.5	100m²	0.19548	2063.05	403.285

图 2.10.13

在第 3 层"工程量"选项卡状态下,选择"导航栏"列表中的"柱",框选构造柱图元,点击"土建计算结果"面板中的"查看工程量"按钮,在弹出的"查看构件图元工程量"窗口中选择查看"做法工程量",如图 2.10.14 所示。

查看构件图元工程量

构件工程量 | 做法工程量

	编码	项目名称	单位	工程量	单价	合价
1	010502002	构造柱	m³	0.3112		
2	A1-5-6	现浇建筑物混凝土 构造柱	10m³	0.03112	2458.08	76.4954
3	A1-5-51	泵送混凝土至建筑部位 高度50m以内(含±0.00以下)	10m³	0.03112	229.52	7.1427
4	011702003	构造柱	m²	3.1104		
5	A1-20-14	矩形柱模板(周长m) 支模高度3.6m内 1.2内	100m²	0.038016	6233.65	236.9784

图 2.10.14

在第 3 层“工程量”选项卡状态下，选择“导航栏”列表中的“梁”，框选圈梁图元，点击“土建计算结果”面板中的“查看工程量”按钮，在弹出的“查看构件图元工程量”窗口中选择查看“做法工程量”，如图 2.10.15 所示。

查看构件图元工程量

构件工程量 | 做法工程量

	编码	项目名称	单位	工程量	单价	合价
1	010514002	其他构件	m^3	0.6344		
2	A1-6-25	预制混凝土构件安装 压顶	$10m^3$	0.06344	3052.2	193.6316
3	011203003	零星项目砂浆找平	m^2	16.9152		
4	A1-13-4	底层抹灰15mm 零星项目	$100m^2$	0.169152	6695.75	1132.5995
5	011206002	块料零星项目	m^2	16.9152		
6	A1-13-149	镶贴陶瓷面砖密缝 零星项目 水泥膏	$100m^2$	0.169152	16145.82	2731.0977

图 2.10.15

在第 3 层“工程量”选项卡状态下，选择“导航栏”列表中的“梁”，框选圈梁图元，点击“钢筋计算结果”面板中的“查看钢筋量”按钮，在弹出的“查看钢筋量”窗口即可看到压顶的钢筋工程量，如图 2.10.16 所示。

查看钢筋量

导出到Excel 显示施工段归类

钢筋总重量（kg）：36.228

	楼层名称	构件名称	钢筋总重量（kg）	HPB300		HRB335	
				6	合计	6	合计
1	第3层	压顶[1045]	6.468	1.488	1.488	4.98	4.98
2		压顶[1046]	11.646	2.688	2.688	8.958	8.958
3		压顶[1047]	6.468	1.488	1.488	4.98	4.98
4		压顶[1048]	11.646	2.688	2.688	8.958	8.958
5		合计：	36.228	8.352	8.352	27.876	27.876

图 2.10.16

任务 11　散水、台阶、平整场地、建筑面积建模算量

知识目标

（1）掌握应用广联达 GTJ2021 软件进行散水、台阶、平整场地、建筑面积建模算量的操作流程及方法；

（2）巩固并深化散水、台阶、平整场地、建筑面积清单定额工程量计算规则的核心知识；

（3）掌握工程造价数字化应用职业技能等级证书考试中的散水、台阶、平整场地、建筑面积建模算量相关知识。

能力目标

（1）能熟练应用广联达 GTJ2021 软件进行散水、台阶、平整场地、建筑面积建模算量；

（2）能应用三维视图、云检查、云指标以及云对比等方法进行工程量核查纠错；

（3）能自主发现更多关于散水、台阶、平整场地、建筑面积建模算量的软件应用技巧。

思政素质目标

(1)端正学习态度,发挥个人优势;

(2)提升个人品行,修炼道德情操;

(3)培养乐观自信的职业精神。

操作流程

2.11.1　散水定义与绘制

(1)散水定义。

散水平面位置详见"首层平面图",其位于首层外墙四周,宽550 mm。

首层建模状态下,鼠标左键双击"导航栏"列表中的"其他"构件下的"散水"进入定义界面,点击"构件列表"面板中的"新建",选择"新建散水",在"属性列表"修改名称、厚度、底标高等属性值,在"构件做法"窗口套取清单和定额,注意散水的装饰做法也需要在此套取,结合工程实际描述清单项目特征,正确选择或填写"工程量表达式",如图2.11.1所示。

图 2.11.1

(2)散水绘制。

关闭定义界面,返回建模界面。选择"智能布置"画法,点击"外墙外边线",左键框选首层全部墙体,单击鼠标右键,在弹出的"设置散水宽度"窗口中输入"散水宽度"为"550",点击"确定"退出,完成散水绘制,如图2.11.2所示。

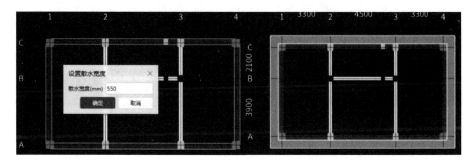

图 2.11.2

【提示】根据"首层平面图"可知2轴~3轴交A轴外侧设置有台阶,在绘制台阶后汇总计算,散水工程量会自动扣减台阶。

2.11.2 台阶定义与绘制

(1)台阶定义。

在首层建模状态下,鼠标左键双击“导航栏”列表中的“其他”构件下的“台阶”,进入定义界面。点击“构件列表”面板中的“新建”,选择“新建台阶”,在“属性列表”修改名称、高度、混凝土强度等级等属性值,在“构件做法”窗口套取清单和定额,注意台阶的装饰做法也需要在此套取,结合工程实际描述清单项目特征,正确选择或填写“工程量表达式”,如图 2.11.3 所示。

	编码	类别	名称	项目特征	单位	工程量表达式	表达式说明	单价
1	010507004	项	台阶	1.踏步高、宽:150mm、300mm 2.混凝土种类:预拌 3.混凝土强度等级:C15	m³	TJ	TJ<体积>	
2	A1-5-34	定	现浇混凝土其他构件 台阶		m³	TJ	TJ<体积>	1330.02
3	A1-5-51	定	泵送混凝土至建筑部位 高度50m以内(含±0.00以下)		m³	TJ	TJ<体积>	229.52
4	011702027	项	台阶	1.台阶踏步宽:300mm	m²	MJ	MJ<台阶整体水平投影面积>	
5	A1-20-96	定	台阶模板		m²	MJ	MJ<台阶整体水平投影面积>	3540
6	011107004	项	水泥砂浆台阶面	1.面层厚度、砂浆配合比:20厚预拌抹灰砂浆1:2	m²	MJ	MJ<台阶整体水平投影面积>	
7	A1-12-14	定	水泥砂浆整体面层 台阶 20mm		m²	MJ	MJ<台阶整体水平投影面积>	3494.55

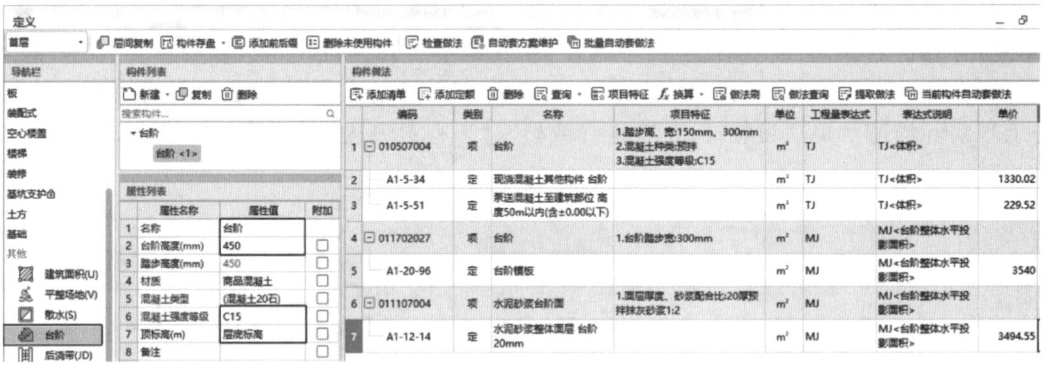

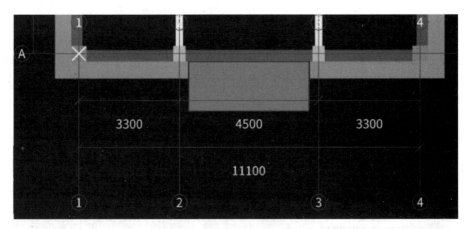

图 2.11.3

(2)台阶绘制。

关闭定义界面,返回建模界面,打开并定位“首层平面图”。点击“绘图”面板中的“矩形”画法,根据定位图纸台阶的位置,鼠标左键分别捕捉矩形台阶的两个对角点,完成台阶的绘制,隐藏“CAD 原始图层”,如图 2.11.4 所示。

图 2.11.4

根据“首层平面图”和“1-1 剖面图”,台阶三面均设有 3 级踏步,踏步宽为 300 mm,需要设置台阶踏步。点击“台阶二次编辑”面板中的“设置踏步边”,鼠标左键分别点选台阶设有踏步的三个边线,单击右键确认,弹出“设置踏步边”窗口,修改“踏步个数”为“3”,宽度 300 mm 不变,如图 2.11.5 所示。点击“确定”退出,台阶踏步设置完成,如图 2.11.6 所示。

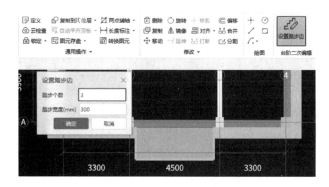

图 2.11.5

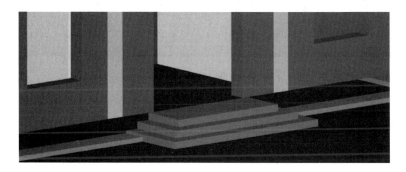

图 2.11.6

2.11.3　平整场地定义与绘制

（1）平整场地定义。

在首层建模状态下，鼠标左键双击"导航栏"列表中的"其他"构件下的"平整场地"，进入定义界面。点击"构件列表"面板中的"新建"，选择"新建平整场地"，在"属性列表"修改名称、场平方式的属性值，在"构件做法"窗口套取清单和定额，结合工程实际描述清单项目特征，正确选择或填写"工程量表达式"，如图 2.11.7 所示。

图 2.11.7

（2）平整场地绘制。

关闭定义界面，返回建模界面。选择"绘图"面板中的"点"画法，左键在首层范围内单击，单击右键确认，完成平整场地的绘制，如图 2.11.8 所示。

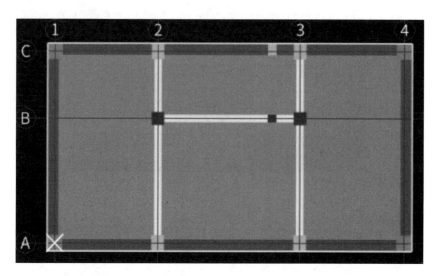

图 2.11.8

2.11.4　建筑面积定义与绘制

（1）建筑面积定义。

在首层建模状态下，鼠标左键双击"导航栏"列表中的"其他"构件下的"建筑面积"，进入定义界面。点击"构件列表"面板中的"新建"，选择"新建建筑面积"，在"属性列表"修改名称、底标高等属性值，在"构件做法"窗口套取"里脚手架"清单和定额，结合工程实际描述清单项目特征，正确选择或填写"工程量表达式"，如图 2.11.9 所示。

图 2.11.9

【提示】根据《广东省房屋建筑与装饰工程综合定额（2018）》里脚手架计算规则，其工程量计算与建筑面积有关，所以在"建筑面积"构件做法中套取"里脚手架"的清单和定额，可以计算出里脚手架的工程量。

在定义界面，切换楼层为"第2层"，点击"构件列表"面板中的"新建"，分别新建"第2层建筑面积"和"阳台建筑面积"，在"属性列表"修改名称、建筑面积计算方式等属性值，在"构件做法"窗口套取"里脚手架"清单和定额，结合工程实际描述清单项目特征，正确选择或填写"工程量表达式"，如图 2.11.10、图 2.11.11 所示。

图 2.11.10

图 2.11.11

【提示】根据《建筑工程建筑面积计算规范》(GB/T 50353—2013),本项目阳台为主体结构外阳台,应按其结构底板水平投影面积的1/2计算。

(2)建筑面积绘制。

关闭定义界面,返回首层建模界面。点击"绘图"面板中的"点"画法,鼠标移动至外墙范围内,单击左键,完成首层"建筑面积"的绘制,如图 2.11.12 所示。

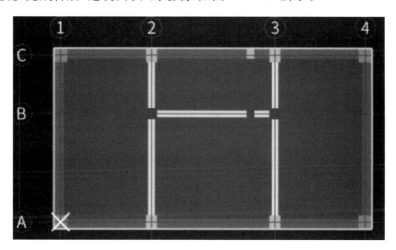

图 2.11.12

在"建筑面积"建模界面,切换楼层为"第 2 层",打开并定位"二层平面图"。点击"绘图"面板中的"点"画法,鼠标移动至外墙范围内,单击左键,第 2 层的"建筑面积"绘制完成;再次点击"绘图"面板中的"矩形"画法，鼠标左键捕捉矩形阳台的两个对角点，阳台的"建筑面积"绘制完成，如图 2.11.13 所示。

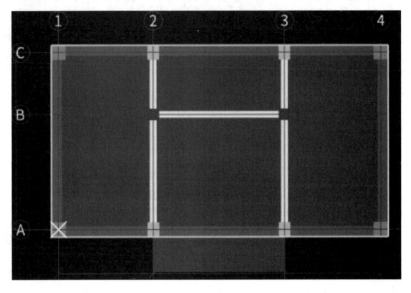

图 2.11.13

2.11.5 散水、台阶、平整场地、建筑面积工程量计算

（1）汇总计算。

使用快捷键方式进行汇总计算，按下 F9 键，在弹出的"汇总计算"窗口中勾选首层和第2层的"其他"构件进行汇总计算。

（2）散水工程量。

在首层"工程量"选项卡状态下，选择"导航栏"列表中的"散水"，点选散水图元，点击"土建计算结果"面板中的"查看工程量"按钮，在弹出的"查看构件图元工程量"窗口中选择查看"做法工程量"，如图 2.11.14 所示。

查看构件图元工程量

构件工程量 | 做法工程量

	编码	项目名称	单位	工程量	单价	合价
1	010507001	散水、坡道	m²	18.975		
2	A1-5-33	现浇混凝土其他构件 地沟、明沟电缆沟散水坡	10m³	0.18975	1052.35	199.6834
3	A1-5-51	泵送混凝土至建筑部位高度50m以内(含±0.00以下)	10m³	0.18975	229.52	43.5514
4	011702029	散水	m²	3.67		
5	A1-20-12	基础垫层模板	100m²	0.0367	2816.93	103.3813
6	011101001	水泥砂浆楼地面	m²	18.975		
7	A1-12-12	水泥砂浆整体面层 防滑坡道 20mm	100m²	0.18975	1919.13	364.1549
8	010904004	楼(地)面变形缝	m	32.3		
9	A1-10-175	沥青砂浆	100m	0.323	1475.27	476.5122

图 2.11.14

（3）台阶工程量。

在首层"工程量"选项卡状态下，选择"导航栏"列表中的"台阶"，点选台阶图元，点击"土建计算结果"面板中的"查看工程量"按钮，在弹出的"查看构件图元工程量"窗口中选择查看"做法工程量"，如图 2.11.15 所示。

查看构件图元工程量

	编码	项目名称	单位	工程量	单价	合价
1	010507004	台阶	m²	1.9845		
2	A1-5-34	现浇混凝土其他构件 台阶	10m²	0.19845	1330.02	263.9425
3	A1-5-51	泵送混凝土至建筑部位 高度50m以内(含±0.00 以下)	10m²	0.19845	229.52	45.5482
4	011702027	台阶	m²	3.54		
5	A1-20-96	台阶模板	100m²	0.0354	3540	125.316
6	011107004	水泥砂浆台阶面	m²	3.54		
7	A1-12-14	水泥砂浆整体面层 台阶 20mm	100m²	0.0354	3494.55	123.7071

图 2.11.15

（4）平整场地工程量。

在首层"工程量"选项卡状态下，选择"导航栏"列表中的"平整场地"，点选平整场地图元，点击"土建计算结果"面板中的"查看工程量"按钮，在弹出的"查看构件图元工程量"窗口中选择查看"做法工程量"，如图 2.11.16 所示。

查看构件图元工程量

	编码	项目名称	单位	工程量	单价	合价
1	010101001	平整场地	m²	75.4		
2	A1-1-1	平整场地	100m²	0.754	213.16	160.7226

图 2.11.16

（5）建筑面积工程量。

在首层"工程量"选项卡状态下，选择"导航栏"列表中的"建筑面积"，点选建筑面积图元，点击"土建计算结果"面板中的"查看工程量"按钮，在弹出的"查看构件图元工程量"窗口中选择查看"做法工程量"，如图 2.11.17 所示。

查看构件图元工程量

	编码	项目名称	单位	工程量	单价	合价
1	011701011	里脚手架	m²	75.4		
2	A1-21-31	里脚手架(钢管)民用 建筑 基本层3.6m	100m²	0.754	1371.07	1033.7868

图 2.11.17

在"工程量"选项卡状态下,切换楼层为"第 2 层",选择"导航栏"列表中的"建筑面积",框选建筑面积图元,点击"土建计算结果"面板中的"查看工程量"按钮,在弹出的"查看构件图元工程量"窗口中选择查看"做法工程量",如图 2.11.18 所示。

查看构件图元工程量

构件工程量 | 做法工程量

编码	项目名称	单位	工程量	单价	合价
1 011701011	里脚手架	m²	78.136		
2 A1-21-31	里脚手架(钢管) 民用建筑 基本层3.6m	100m²	0.78136	1371.07	1071.2993

图 2.11.18

任务 12 基础柱、独立基础、基础梁、砖基础建模算量

知识目标

(1)掌握应用广联达 GTJ2021 软件进行基础柱、独立基础、基础梁、砖基础建模算量的操作流程及方法;

(2)巩固并深化基础柱、独立基础、基础梁、砖基础清单定额工程量计算规则的核心知识;

(3)掌握工程造价数字化应用职业技能等级证书考试中的基础柱、独立基础、基础梁、砖基础建模算量相关知识。

能力目标

(1)能熟练应用广联达 GTJ2021 软件进行基础柱、独立基础、基础梁、砖基础建模算量;

(2)能应用三维视图、云检查、云指标以及云对比等方法进行工程量核查纠错;

(3)能自主发现更多关于基础柱、独立基础、基础梁、砖基础建模算量的软件应用技巧。

思政素质目标

(1)传递中国人的社会主义核心价值观;

(2)发扬植根祖国、报效国家的爱国情怀;

(3)培养敢做敢当强责任的职业素养。

操作流程

2.12.1 基础柱定义与绘制

(1)柱钢筋计算设置。

根据"柱定位及配筋图",基础层柱与首层柱相同,可以把首层柱复制到基础层,再做细节修改即可。

根据"基础剖面图",如图 2.12.1 所示,柱的纵向角筋伸入基底弯折,柱在基础插筋锚固区内的箍筋数量是 2 根,配筋同柱箍筋。工程设置状态下,切换楼层为"基础层",点击"钢筋设置"面板中的"计算设置",在弹出的"计算设置"窗口中修改"柱/墙柱在基础插筋锚固区内的箍筋数量"为"2",修改"柱纵筋深入基础锚固形式"为"角筋伸入基底弯折",如图 2.12.2 所示。

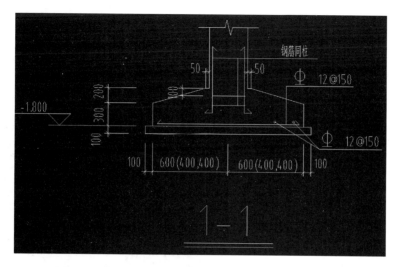

图 2.12.1

图 2.12.2

（2）柱复制与修改。

在建模状态下，楼层切换到"首层"。鼠标左键单击"导航栏"列表中的"柱"，在建模窗口选中首层全部柱，点击"通用操作"面板中的"复制到其他层"，在弹出窗口的"楼层列表"中选择"基础层"，如图 2.12.3 所示。点击"确定"，首层柱就被复制到了基础层，但是由于层高不同，需要修改柱"构件做法"清单项目的项目特征描述，如图 2.12.4 所示。

根据"基础平面图"，TZ1 和 TZ2 底下无独立基础，说明其植根于基础梁，所以梯柱的底标高即为基础梁顶标高（-0.45 m）。在基础层建模状态下，鼠标左键框选 TZ1 和 TZ2，"属性列表"中修改"底标高"属性值为"-0.45"，如图 2.12.5 所示。

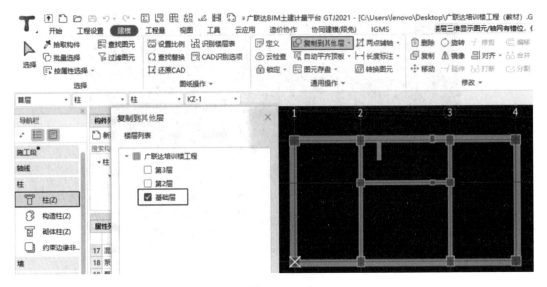

图 2.12.3

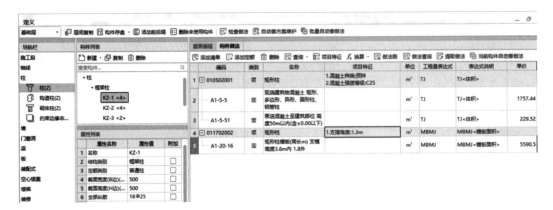

图 2.12.4

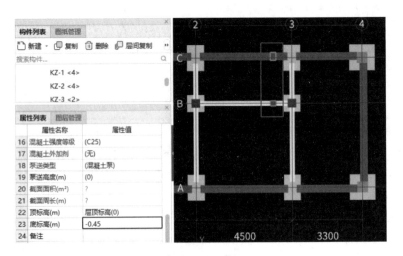

图 2.12.5

2.12.2 独立基础定义与绘制

(1)独立基础定义。

在基础层建模状态下,鼠标左键双击"导航栏"列表中的"基础"构件下的"独立基础",进入定义界面。点击"构件列表"面板中的"新建",选择"新建独立基础",在"属性列表"修改"名称"为"JC1",选中新建的"JC1",单击鼠标右键,右键列表中选择"新建参数化独立基础单元",如图 2.12.6 所示。

图 2.12.6

在弹出的"选择参数化图形"窗口中选择"四棱锥台形独立基础",根据"基础大样图"修改独立基础参数,如图 2.12.7 所示。

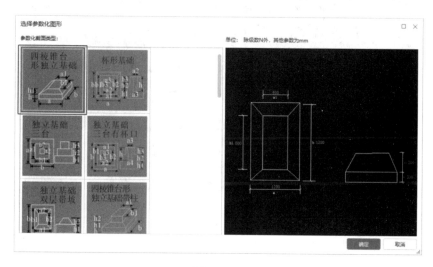

图 2.12.7

点击"确定",退出"选择参数化图形"窗口,根据基础"1-1 剖面图"修改"属性列表"中横向受力筋、纵向受力筋属性值,在"构件做法"窗口套取清单和定额,结合工程实际描述清单项目特征,正确选择或填写"工程量表达式",如图 2.12.8 所示。

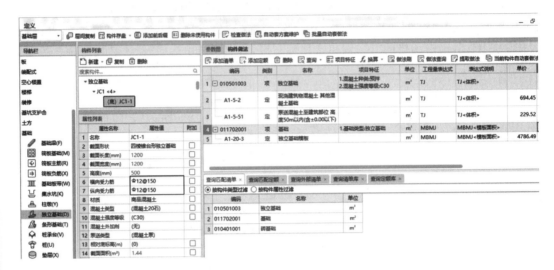

图 2.12.8

【提示】独立基础为单元组合构件,应在子单元中套取构件做法。

复制独立基础 JC1 为 JC2,选择子单元"JC2-1",点击"属性列表"中的"截面形状"属性值,在弹出的"选择参数化图形"窗口中修改 JC2 的各项参数,如图 2.12.9 所示。点击"确定"退出,JC2 定义完成,不需要修改构件做法。

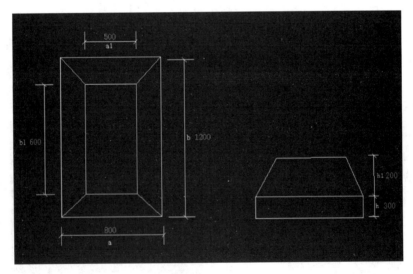

图 2.12.9

复制独立基础 JC2 为 JC3,选择子单元"JC3-1",点击"属性列表"中的"截面形状"属性值,在弹出的"选择参数化图形"窗口中修改 JC3 的各项参数,如图 2.12.10 所示。点击"确定"退出,JC3 定义完成,不需要修改构件做法。

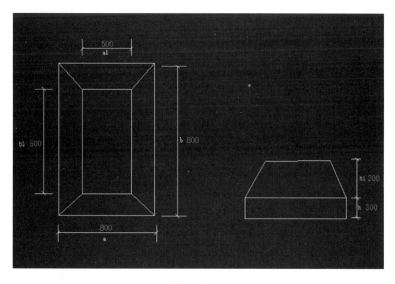

图 2.12.10

（2）独立基础绘制。

关闭定义界面，返回建模界面，打开并定位"基础平面图"。点击"绘图"面板中的"点"画法，根据定位图纸独立基础的位置，鼠标左键分别捕捉独立基础的中心点，完成基础的绘制，隐藏"CAD 原始图层"，如图 2.12.11 所示。

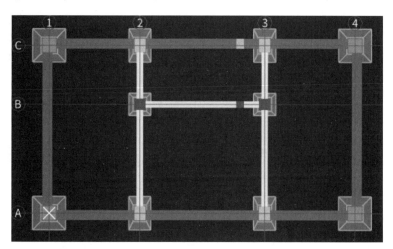

图 2.12.11

2.12.3　基础梁定义与绘制

（1）基础梁定义。

在基础层建模状态下，鼠标左键双击"导航栏"列表中的"基础"构件下的"基础梁"，进入定义界面。点击"构件列表"面板中的"新建"，选择"新建矩形基础梁"，在"属性列表"修改名称、截面宽度、截面高度等属性值，如图 2.12.12 所示。

在"构件做法"窗口套取清单和定额，结合工程实际描述清单项目特征，正确选择或填写"工程量表达式"，如图 2.12.13 所示。

图 2.12.12

图 2.12.13

复制基础梁 JKL1 为 JKL2,根据图纸修改"属性列表"各项属性值,如图 2.12.14 所示,构件做法不需要修改。

图 2.12.14

复制基础梁 JKL2 为 JKL3,根据图纸修改"属性列表"各项属性值,如图 2.12.15 所示,构件做法不需要修改。

	属性名称	属性值	附加
1	名称	JKL3	
2	类别	基础主梁	
3	截面宽度(mm)	400	
4	截面高度(mm)	500	
5	轴线距梁左边线距离(mm)	(200)	
6	跨数量		
7	箍筋	Φ12@100/200(4)	
8	肢数	4	
9	下部通长筋	4Φ25	
10	上部通长筋		
11	侧面构造或受扭筋(总配筋值)		
12	拉筋		
13	材质	商品混凝土	

	属性名称	属性值	附加
14	混凝土类型	(混凝土20石)	
15	混凝土强度等级	(C30)	
16	混凝土外加剂	(无)	
17	泵送类型	(混凝土泵)	
18	截面周长(m)	1.8	
19	截面面积(m²)	0.2	
20	起点顶标高(m)	-0.45	
21	终点顶标高(m)	-0.45	
22	备注		
23	⊞ 钢筋业务属性		
34	⊞ 土建业务属性		
38	⊞ 显示样式		

图 2.12.15

复制基础梁 JKL3 为 JKL4,根据图纸修改"属性列表"各项属性值,如图 2.12.16 所示,构件做法不需要修改。

	属性名称	属性值	附加
1	名称	JKL4	
2	类别	基础主梁	
3	截面宽度(mm)	400	
4	截面高度(mm)	500	
5	轴线距梁左边线距离(mm)	(200)	
6	跨数量		
7	箍筋	Φ12@100/200(5)	
8	肢数	5	
9	下部通长筋	5Φ25	
10	上部通长筋	5Φ25	
11	侧面构造或受扭筋(总配筋值)		
12	拉筋		
13	材质	商品混凝土	

	属性名称	属性值	附加
14	混凝土类型	(混凝土20石)	
15	混凝土强度等级	(C30)	
16	混凝土外加剂	(无)	
17	泵送类型	(混凝土泵)	
18	截面周长(m)	1.8	
19	截面面积(m²)	0.2	
20	起点顶标高(m)	-0.45	
21	终点顶标高(m)	-0.45	
22	备注		
23	⊞ 钢筋业务属性		
34	⊞ 土建业务属性		
38	⊞ 显示样式		

图 2.12.16

(2)基础梁绘制。

关闭定义界面,返回建模界面。根据"基础梁配筋图",基础梁中心线对齐轴线。选择"智能布置"画法列表中的"轴线",在"构件列表"中选中不同基础梁,鼠标左键分别点选或框选基础梁所在轴线,完成基础梁的绘制,如图 2.12.17 所示。此时基础梁是粉色的,输入其原位标注钢筋信息后变成绿色,才可以汇总计算出基础梁钢筋工程量。

(3)基础梁原位标注信息输入。

在基础层建模状态下,点击"基础梁二次编辑"面板中的"原位标注",关闭建模界面下方弹出的"梁平法表格"窗口,左键点选 JKL1,在每一跨梁的下部有 3 个可编辑原位标注框,上部有 1 个可编辑原位标注框。根据定位图纸,鼠标左键点击编辑框内任意位置,在 JKLI 梁每一跨设计有原位标注的编辑框内输入相应信息,如图 2.3.18 所示。

应用同样的方法完成 JKL2、JKL3 和 JKL4 原位标注信息输入,对于名称相同的基础梁,原位标注信息输入可以通过右键"应用到同名梁"的方法快速复制完成。完成原位标注信息输入后,基础梁变成绿色,如图 2.12.19 所示。

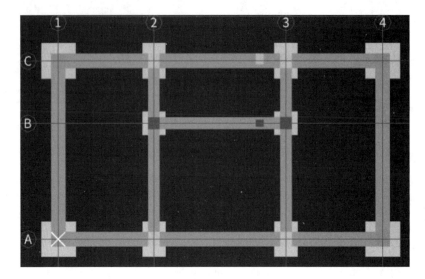

图 2. 12. 17

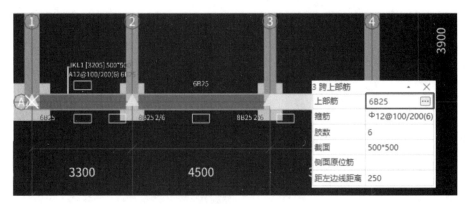

图 2. 12. 18

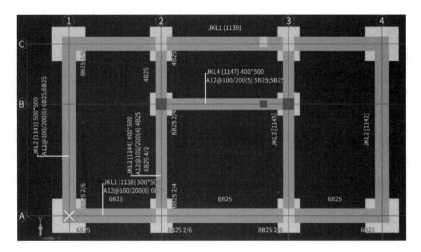

图 2. 12. 19

2.12.4 砖基础定义与绘制

(1)砖基础定义。

在基础层建模状态下,鼠标左键双击"导航栏"列表中的"墙"构件下的"砌体墙",进入定义界面。点击"构件列表"新建"外墙砖基础",在"属性列表"修改厚度、起点底标高、终点底标高等属性值,在"构件做法"窗口套取清单和定额,注意"外墙砖基础"需要套取"综合钢脚手架"清单与定额,结合工程实际描述清单项目特征,正确选择或填写"工程量表达式",如图 2.12.20所示。

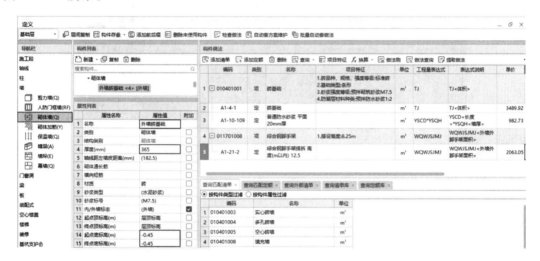

图 2.12.20

定义界面点击"构件列表"新建"内墙砖基础",在"属性列表"修改起点底标高、终点底标高属性值,在"构件做法"窗口套取清单和定额,结合工程实际描述清单项目特征,正确选择或填写"工程量表达式",如图 2.12.21 所示。

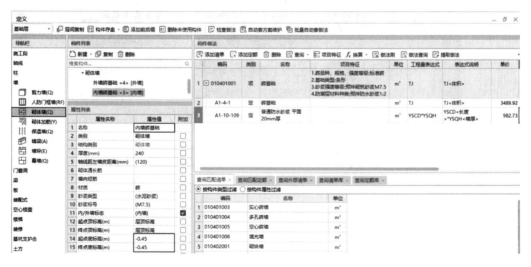

图 2.12.21

(2)砖基础绘制。

关闭定义界面,返回基础层建模界面。选择"智能布置"画法列表中的"轴线",在"构件列表"中选择"外墙砖基础",鼠标左键分别点选外墙所在轴线,完成外墙砖基础的绘制,再应用"修改"面板中"对齐"方法使得砖基础外边线对齐柱外边,如图 2.12.22 所示。

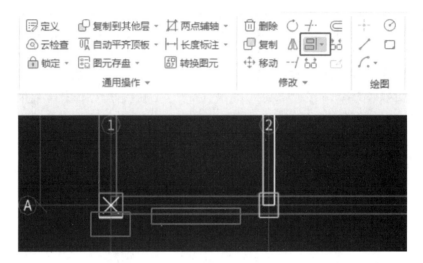

图 2.12.22

在"构件列表"中选择"内墙砖基础",鼠标左键分别点选或框选内墙所在轴线,完成内墙砖基础的绘制,如图 2.12.23 所示。

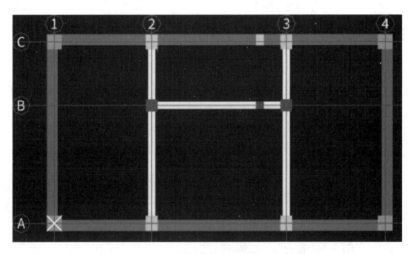

图 2.12.23

2.12.5　基础柱、独立基础、基础梁、砖基础工程量计算

(1)汇总计算。

使用快捷键方式进行汇总计算,按下 F9 键,在弹出的"汇总计算"窗口中勾选全楼构件进行汇总计算。

(2)基础柱工程量。

在基础层"工程量"选项卡状态下,选择"导航栏"列表中的"柱",框选全部柱图元,点击"土建计算结果"面板中的"查看工程量"按钮,在弹出的"查看构件图元工程量"窗口中选择查看"做法工程量",如图 2.12.24 所示。

查看构件图元工程量

	编码	项目名称	单位	工程量	单价	合价
1	010502001	矩形柱	m³	1.7702		
2	A1-5-5	现浇建筑物混凝土 矩形、多边形、异形、圆形柱、钢管柱	10m³	0.28302	1757.44	497.3907
3	A1-5-51	泵送混凝土至建筑部位高度50m以内(含±0.00以下)	10m³	0.28302	229.52	64.9588
4	011702002	矩形柱	m²	5.6		
5	A1-20-16	矩形柱模板(周长m) 支模高度3.6m内 1.8外	100m²	0.096	5590.5	536.688
6	011702002	矩形柱	m²	7.28		
7	A1-20-15	矩形柱模板(周长m) 支模高度3.6m内 1.8内	100m²	0.1248	5077.44	633.6645
8	011702002	矩形柱	m²	0.576		
9	A1-20-15	矩形柱模板(周长m) 支模高度3.6m内 1.8内	100m²	0.00576	5077.44	29.2461
10	011702002	矩形柱	m²	0.459		
11	A1-20-14	矩形柱模板(周长m) 支模高度3.6m内 1.2内	100m²	0.00459	6233.65	28.6125

图 2.12.24

在基础层"工程量"选项卡状态下,选择"导航栏"列表中的"柱",框选全部柱图元,点击"钢筋计算结果"面板中的"查看钢筋量"按钮,在弹出的"查看钢筋量"窗口即可看到基础层柱的钢筋工程量,如图 2.12.25 所示。

查看钢筋量

📥 导出到Excel　☐ 显示施工段归类

钢筋总重量 (kg):2070.332

	楼层名称	构件名称	钢筋总重量 (kg)	HPB300			HRB335			
				8	10	合计	20	22	25	合计
1		KZ-1[1104]	238.671		36.407	36.407			202.264	202.264
2		KZ-1[1105]	238.671		36.407	36.407			202.264	202.264
3		KZ-1[1106]	238.671		36.407	36.407			202.264	202.264
4		KZ-1[1107]	238.671		36.407	36.407			202.264	202.264
5		KZ-2[1098]	206.475		29.571	29.571			176.904	176.904
6		KZ-2[1099]	206.475		29.571	29.571			176.904	176.904
7	基础层	KZ-2[1100]	206.475		29.571	29.571			176.904	176.904
8		KZ-2[1101]	206.475		29.571	29.571			176.904	176.904
9		KZ-3[1102]	127.361	14.767		14.767	112.594			112.594
10		KZ-3[1103]	127.361	14.767		14.767	112.594			112.594
11		TZ1[1097]	17.616	0.97		0.97	16.646			16.646
12		TZ2[1096]	17.41	0.764		0.764	16.646			16.646
13		合计:	2070.332	31.268	263.912	295.18	33.292	225.188	1516.672	1775.152

图 2.12.25

(3)独立基础工程量。

在基础层"工程量"选项卡状态下,选择"导航栏"列表中的"独立基础",框选全部独立基础图元,点击"土建计算结果"面板中的"查看工程量"按钮,在弹出的"查看构件图元工程量"窗口中选择查看"做法工程量",如图 2.12.26 所示。

查看构件图元工程量

	编码	项目名称	单位	工程量	单价	合价
1	010501003	独立基础	m³	4.588		
2	A1-5-2	现浇建筑物混凝土 其他混凝土基础	10m³	0.4588	694.45	318.6137
3	A1-5-51	泵送混凝土至建筑部位 高度50m以内（含±0.00以下）	10m³	0.4588	229.52	105.3038
4	011702001	基础	m²	15.58		
5	A1-20-3	独立基础模板	100m²	0.1558	4786.49	745.7351

图 2.12.26

在基础层"工程量"选项卡状态下，选择"导航栏"列表中的"独立基础"，框选全部独立基础图元，点击"钢筋计算结果"面板中的"查看钢筋量"按钮，在弹出的"查看钢筋量"窗口即可看到基础层的钢筋工程量，如图 2.12.27 所示。

查看钢筋量   — □ ×

📤 导出到Excel □ 显示施工段归类

钢筋总重量（kg）：123.344

	楼层名称	构件名称	钢筋总重量（kg）	HRB335	
				12	合计
1		JC1[1112]	15.92	15.92	15.92
2		JC1[1114]	15.92	15.92	15.92
3		JC1[1116]	15.92	15.92	15.92
4		JC1[1118]	15.92	15.92	15.92
5	基础层	JC2[1122]	11.082	11.082	11.082
6		JC2[1124]	11.082	11.082	11.082
7		JC2[1126]	11.082	11.082	11.082
8		JC2[1128]	11.082	11.082	11.082
9		JC3[1132]	7.668	7.668	7.668
10		JC3[1134]	7.668	7.668	7.668
11		合计：	123.344	123.344	123.344

图 2.12.27

（4）基础梁工程量。

在基础层"工程量"选项卡状态下，选择"导航栏"列表中的"基础梁"，框选全部基础梁图元，点击"土建计算结果"面板中的"查看工程量"按钮，在弹出的"查看构件图元工程量"窗口中选择查看"做法工程量"，如图 2.12.28 所示。

查看构件图元工程量

	编码	项目名称	单位	工程量	单价	合价
1	010503001	基础梁	m³	11.57		
2	A1-5-8	现浇建筑物混凝土 基础梁	10m³	1.051	708.17	744.2867
3	A1-5-51	泵送混凝土至建筑部位 高度50m以内（含±0.00以下）	10m³	1.051	229.52	241.2255
4	011702005	基础梁	m²	48.1		
5	A1-20-32	基础梁模板	100m²	0.481	5482.73	2637.1931

图 2.12.28

在基础层“工程量”选项卡状态下，选择“导航栏”列表中的“基础梁”，框选全部基础梁图元，点击“钢筋计算结果”面板中的“查看钢筋量”按钮，在弹出的“查看钢筋量”窗口即可看到基础梁的钢筋工程量，如图 2.12.29 所示。

查看钢筋量

导出到Excel 显示施工段归类

钢筋总重量（kg）：4498.912

	楼层名称	构件名称	钢筋总重量（kg）	HPB300		HRB335	
				12	合计	25	合计
1	基础层	JKL1[1138]	1043.382	369.288	369.288	674.094	674.094
2		JKL1[1139]	1043.382	369.288	369.288	674.094	674.094
3		JKL2[1141]	561.862	188.658	188.658	373.204	373.204
4		JKL2[1142]	561.862	188.658	188.658	373.204	373.204
5		JKL3[1144]	476.482	156.774	156.774	319.708	319.708
6		JKL3[1145]	476.482	156.774	156.774	319.708	319.708
7		JKL4[1147]	335.46	125.02	125.02	210.44	210.44
8		合计：	4498.912	1554.46	1554.46	2944.452	2944.452

图 2.12.29

(5)砖基础工程量。

在基础层“工程量”选项卡状态下，选择“导航栏”列表中的“砌体墙”，框选全部砖基础图元，点击“土建计算结果”面板中的“查看工程量”按钮，在弹出的“查看构件图元工程量”窗口中选择查看“做法工程量”，如图 2.12.30 所示。

查看构件图元工程量

构件工程量 做法工程量

	编码	项目名称	单位	工程量	单价	合价
1	010401001	砖基础	m^3	6.497		
2	A1-4-1	砖基础	$10m^3$	0.6497	3489.92	2267.401
3	A1-10-109	普通防水砂浆 平面 20mm厚	$100m^2$	0.164722	982.73	161.8773
4	011701008	综合钢脚手架	m^2	65.16		
5	A1-21-2	综合钢脚手架搭拆 高度（m以内）12.5	$100m^2$	0.6516	2063.05	1344.2834

图 2.12.30

任务 13　垫层、基础土方建模算量

知识目标

(1)掌握应用广联达 GTJ2021 软件进行垫层、基础土方建模算量的操作流程及方法；

(2)巩固并深化垫层、基础土方清单定额工程量计算规则的核心知识；

(3)掌握工程造价数字化应用职业技能等级证书考试中的垫层、基础土方建模算量相关知识。

能力目标

(1)能熟练应用广联达 GTJ2021 软件进行垫层、基础土方建模算量；

(2)能应用三维视图、云检查、云指标以及云对比等方法进行工程量核查纠错；

(3)能自主发现更多关于垫层、基础土方建模算量的软件应用技巧。

思政素质目标

(1)树立安全第一、规范作业的防护意识;

(2)发扬逆流而上、奋勇直前的拼搏精神;

(3)树立良好风气、坚守职业道德。

操作流程

2.13.1 垫层定义与绘制

(1)垫层定义。

在基础层建模状态下,鼠标左键双击"导航栏"列表中的"基础"构件下的"垫层",进入定义界面。点击"构件列表"面板中的"新建",选择"新建面式垫层",在"属性列表"中修改"名称"为"独基垫层",修改"厚度"为"100",在"构件做法"窗口套取清单和定额,结合工程实际描述清单项目特征,正确选择或填写"工程量表达式",如图2.13.1所示。

图 2.13.1

定义界面点击"构件列表"面板中的"新建",选择"新建线式矩形垫层",在"属性列表"中修改"名称"为"基础梁垫层",修改"厚度"为"100",在"构件做法"窗口套取清单和定额,结合工程实际描述清单项目特征,正确选择或填写"工程量表达式",如图2.13.2所示。

图 2.13.2

（2）垫层绘制。

关闭定义界面，返回建模界面。点击"构件列表"中的"独基垫层"，选择"智能布置"画法列表中的"独基"，鼠标左键框选全部独立基础，单击右键确认，在弹出的"设置出边距离"窗口中输入"出边距离"为"100"，如图 2.13.3 所示。完成独立基础垫层的绘制，如图 2.13.4 所示。

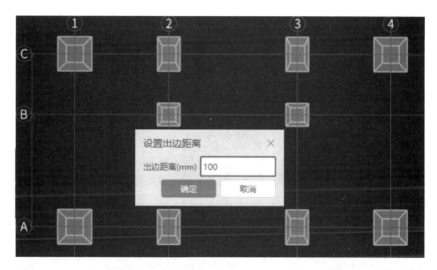

图 2.13.3

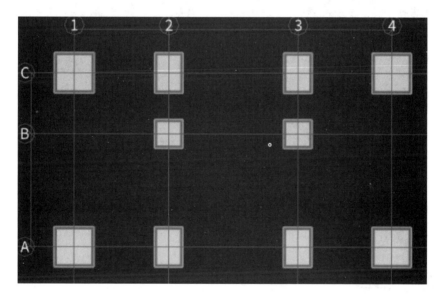

图 2.13.4

在基础层建模界面下，点击"构件列表"中的"基础梁垫层"，选择"智能布置"画法列表中的"梁中心线"，鼠标左键框选全部基础梁，单击右键确认，在弹出的"设置出边距离"窗口中输入"左右出边距离"为"100"，如图 2.13.5 所示。完成基础梁垫层的绘制，如图 2.13.6 所示。

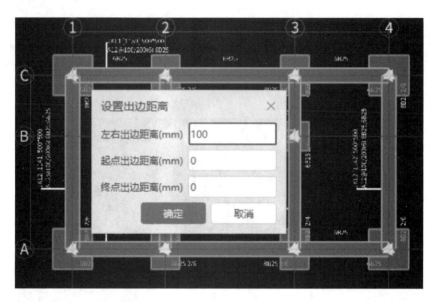

图 2.13.5

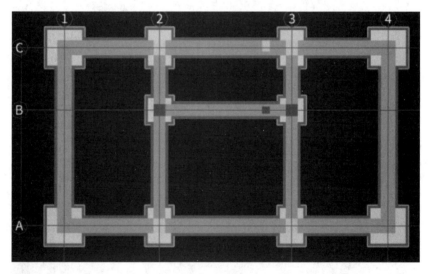

图 2.13.6

2.13.2　生成土方

（1）生成基坑土方和基坑回填。

根据"设计总说明"，土壤类别为三类土（放坡起点 1.5 m），基坑的挖土深度 1.45 m，未达到放坡起点则不放坡。

在基础层垫层建模状态下，点击"垫层二次编辑"面板中的"生成土方"，在弹出的"生成土方"窗口中修改挖基坑土方的参数设置，如图 2.13.7 所示。

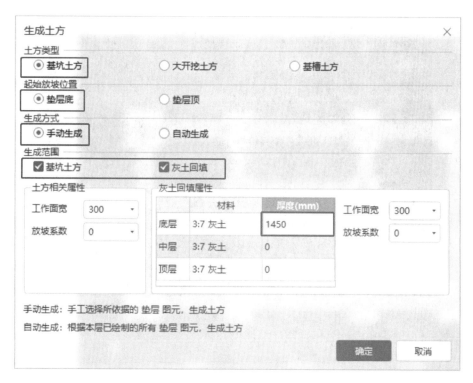

图 2.13.7

点击"确定",返回建模界面,左键框选全部"独基垫层",注意不能选中"基础梁垫层",如图 2.13.8 所示。单击鼠标右键确认,完成基坑土方和基坑回填的绘制,如图 2.13.9 所示。

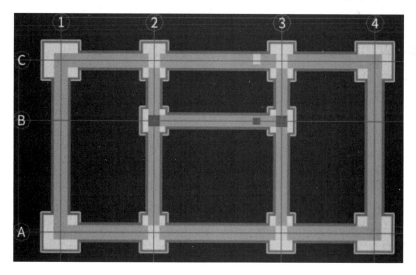

图 2.13.8

进入基础层定义界面,点击"导航栏"列表中的"基坑土方",在"构件列表"中选择 JK-1,在"构件做法"窗口套取清单和定额,结合工程实际描述清单项目特征,正确选择或填写"工程量表达式",如图 2.13.10 所示。JK-2 和 JK-3 的构件做法同 JK-1,可以应用"做法刷"快速复制 JK-1 的构件做法到 JK-2 和 JK-3。

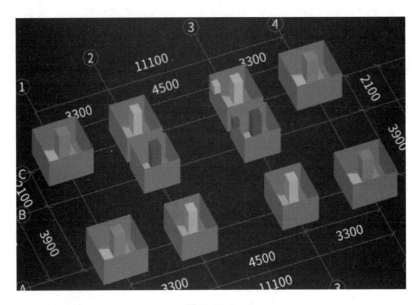

图 2.13.9

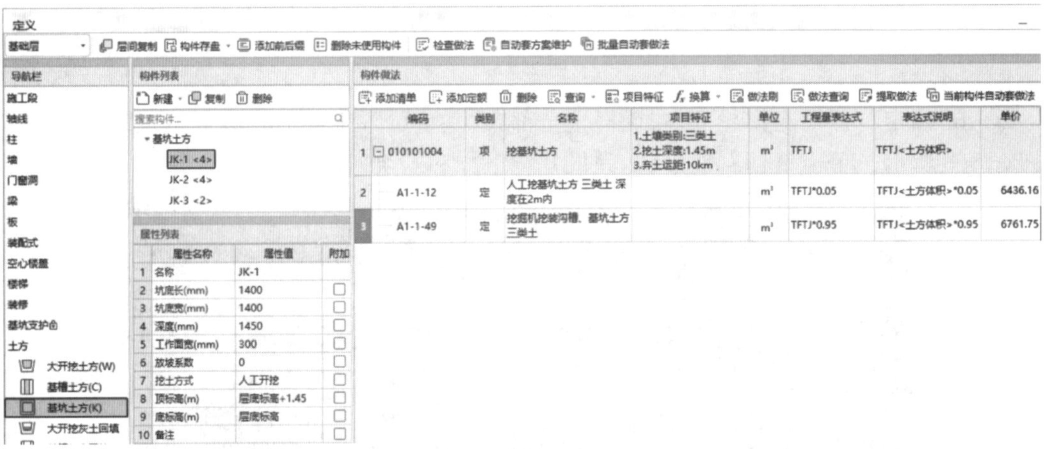

图 2.13.10

在基础层定义界面中,点击"导航栏"列表中的"基坑灰土回填",在"构件列表"中选择 JKHT-1 的子单元 JKHT-1-1,在"构件做法"窗口套取清单和定额,结合工程实际描述清单项目特征,正确选择或填写"工程量表达式",如图 2.13.11 所示。JKHT-2-1 和 JKHT-3-1 的构件做法同 JKHT-1-1,可以应用"做法刷"快速复制 JKHT-1-1 的构件做法到 JKHT-2-1 和 JKHT-3-1。

(2)生成基槽土方和基槽回填。

根据"设计总说明",土壤类别为三类土(放坡起点 1.5 m),基槽的挖土深度 0.6 m,未达到放坡起点则不放坡。

在基础层垫层建模状态下,点击"垫层二次编辑"面板中的"生成土方",在弹出的"生成土方"窗口中修改挖基槽土方的参数设置,如图 2.13.12 所示。

图 2.13.11

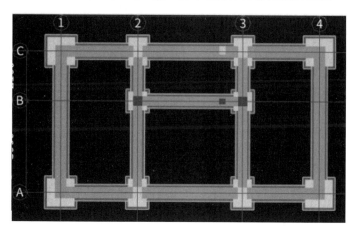

图 2.13.12

点击"确定",返回建模界面,左键点选全部"基础梁垫层",注意不能选中"独基垫层",如图 2.13.13 所示。单击鼠标右键确认,完成基槽土方和基槽回填的绘制,如图 2.13.14 所示。

图 2.13.13

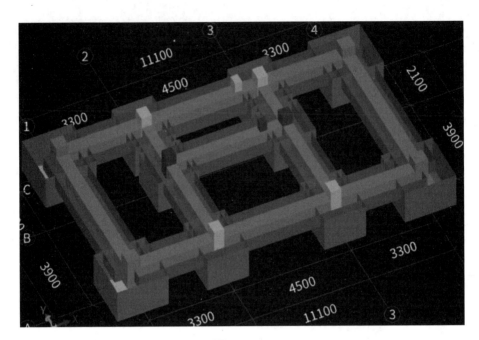

图 2.13.14

进入基础层定义界面，点击"导航栏"列表中的"基槽土方"，在"构件列表"中选择 JC-1，在"构件做法"窗口套取清单和定额，结合工程实际描述清单项目特征，正确选择或填写"工程量表达式"，如图 2.13.15 所示。JC-2 的构件做法同 JC-1，可以应用"做法刷"快速复制 JC-1 的构件做法到 JC-2。

图 2.13.15

在基础层定义界面中，点击"导航栏"列表中的"基槽灰土回填"，在"构件列表"中选择 JCHT-1 的子单元 JCHT-1-1，在"构件做法"窗口套取清单和定额，结合工程实际描述清单项目特征，正确选择或填写"工程量表达式"，如图 2.13.16 所示。JCHT-2-1 的构件做法同 JCHT-1-1，可以应用"做法刷"快速复制 JCHT-1-1 的构件做法到 JCHT-2-1。

图 2.13.16

2.13.3　垫层、独立基础工程量计算

（1）汇总计算。

使用快捷键方式进行汇总计算，按下 F9 键，在弹出的"汇总计算"窗口中勾选基础层构件进行汇总计算。

（2）垫层工程量。

在基础层"工程量"选项卡状态下，选择"导航栏"列表中的"垫层"，框选全部垫层图元，点击"土建计算结果"面板中的"查看工程量"按钮，在弹出的"查看构件图元工程量"窗口中选择查看"做法工程量"，如图 2.13.17 所示。

查看构件图元工程量

构件工程量　做法工程量

	编码	项目名称	单位	工程量	单价	合价
1	010501001	垫层	m³	4.808		
2	A1-5-78	混凝土垫层	10m³	0.4808	752.74	361.9174
3	A1-5-51	泵送混凝土至建筑部位高度50m以内(含±0.00以下)	10m³	0.4808	229.52	110.3532
4	011702001	基础	m²	14.34		
5	A1-20-12	基础垫层模板	100m²	0.1434	2816.93	403.9478

图 2.13.17

（3）基坑土方工程量。

在基础层"工程量"选项卡状态下，选择"导航栏"列表中的"基坑土方"，框选全部基坑土方图元，点击"土建计算结果"面板中的"查看工程量"按钮，在弹出的"查看构件图元工程量"窗口中选择查看"做法工程量"，如图 2.13.18 所示。

（4）基槽土方工程量。

在基础层"工程量"选项卡状态下，选择"导航栏"列表中的"基槽土方"，框选全部基槽土方图元，点击"土建计算结果"面板中的"查看工程量"按钮，在弹出的"查看构件图元工程量"窗口中选择查看"做法工程量"，如图 2.13.19 所示。

查看构件图元工程量

构件工程量 | 做法工程量

	编码	项目名称	单位	工程量	单价	合价
1	010101004	挖基坑土方	m³	49.184		
2	A1-1-12	人工挖基坑土方 三类土 深度在2m内	100m³	0.024592	6436.16	158.278
3	A1-1-49	挖掘机挖装沟槽、基坑土方 三类土	1000m³	0.0467248	6761.75	315.9414

图 2.13.18

查看构件图元工程量

构件工程量 | 做法工程量

	编码	项目名称	单位	工程量	单价	合价
1	010101003	挖沟槽土方	m³	20.988		
2	A1-1-21	人工挖沟槽土方 三类土 深度在2m内	100m³	0.010494	6129.67	64.3248
3	A1-1-49	挖掘机挖装沟槽、基坑土方 三类土	1000m³	0.0199386	6761.75	134.8198

图 2.13.19

（5）基坑灰土回填工程量。

在基础层"工程量"选项卡状态下,选择"导航栏"列表中的"基坑灰土回填",框选全部基坑灰土回填图元,点击"土建计算结果"面板中的"查看工程量"按钮,在弹出的"查看构件图元工程量"窗口中选择查看"做法工程量",如图 2.13.20 所示。

查看构件图元工程量

构件工程量 | 做法工程量

	编码	项目名称	单位	工程量	单价	合价
1	010103001	回填方	m³	36.026		
2	A1-1-129	回填土 夯实机夯实 槽、坑	100m³	0.36026	1695.74	610.9073

图 2.13.20

（6）基槽灰土回填工程量。

在基础层"工程量"选项卡状态下,选择"导航栏"列表中的"基槽灰土回填",框选全部基槽灰土回填图元,点击"土建计算结果"面板中的"查看工程量"按钮,在弹出的"查看构件图元工程量"窗口中选择查看"做法工程量",如图 2.13.21 所示。

查看构件图元工程量

构件工程量 | 做法工程量

	编码	项目名称	单位	工程量	单价	合价
1	010103001	回填方	m³	12.65		
2	A1-1-129	回填土 夯实机夯实 槽、坑	100m³	0.1265	1695.74	214.5111

图 2.13.21

任务 14　室内装饰建模算量

知识目标

(1)掌握应用广联达 GTJ2021 软件进行室内装饰建模算量的操作流程及方法;

(2)巩固并深化室内装饰清单定额工程量计算规则的核心知识;

(3)掌握工程造价数字化应用职业技能等级证书考试中的室内装饰建模算量相关知识。

能力目标

(1)能熟练应用广联达 GTJ2021 软件进行室内装饰建模算量;

(2)能应用三维视图、云检查、云指标以及云对比等方法进行工程量核查纠错;

(3)能自主发现更多关于室内装饰建模算量的软件应用技巧。

思政素质目标

(1)树立正确的审美观,善于发现别人的内在美;

(2)培养坚持不懈、志在必得的自信心;

(3)提升个人品行,修炼道德情操。

操作流程(1)　操作流程(2)

2.14.1　首层室内装饰定义

根据"工程装饰做法表"完成室内装饰构件的定义,再按照"工程装饰做法"套取室内装饰构件的清单及定额。

(1)楼地面定义。

在首层建模状态下,鼠标左键双击"导航栏"列表中的"装饰"构件下的"楼地面",进入定义界面。在"构件列表"中新建"地 1",修改"是否计算防水面积"属性值为"是",在"构件做法"窗口套取清单和定额,结合工程实际描述清单项目特征,正确选择或填写"工程量表达式",如图 2.14.1 所示。

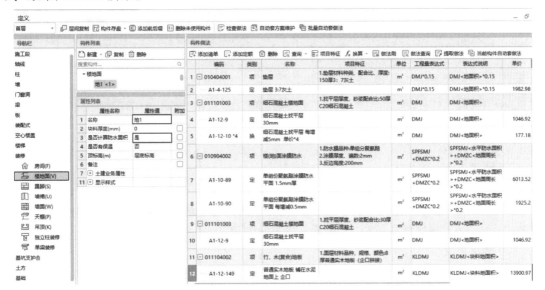

图 2.14.1

在"构件列表"中新建"地 2",不修改"属性列表"的属性值,在"构件做法"窗口套取清单和定额,结合工程实际描述清单项目特征,正确选择或填写"工程量表达式",如图 2.14.2 所示。

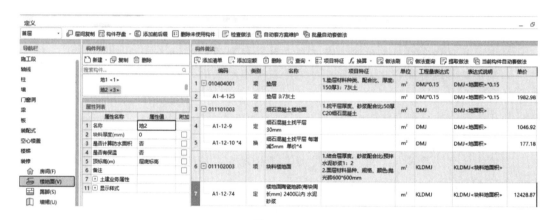

图 2.14.2

根据"工程装饰做法表",阳台板楼面装饰做法为"楼 3",由于阳台板在首层绘制,故阳台板楼面装饰在首层定义与绘制更合适。在"构件列表"中新建"楼 3",修改"是否计算防水面积"属性值为"是",修改"顶标高"属性值为"3.6",在"构件做法"窗口套取清单和定额,结合工程实际描述清单项目特征,正确选择或填写"工程量表达式",如图 2.14.3 所示。

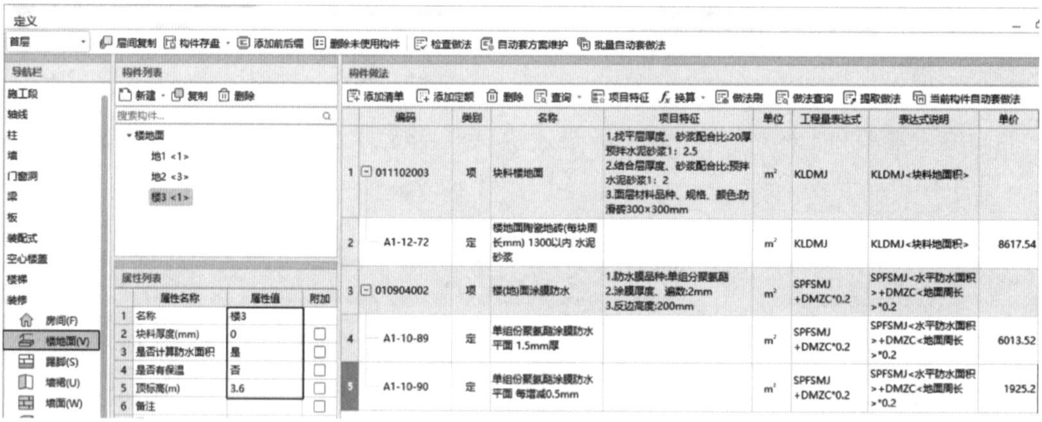

图 2.14.3

(2)踢脚定义。

在首层定义界面,点击"导航栏"列表中的"装饰"构件下的"踢脚",在"构件列表"中新建"踢 2",修改"高度"属性值为"120",在"构件做法"窗口套取清单和定额,结合工程实际描述清单项目特征,正确选择或填写"工程量表达式",如图 2.14.4 所示。

(3)墙裙定义。

在首层定义界面,点击"导航栏"列表中的"装饰"构件下的"墙裙",在"构件列表"中新建"裙 1",修改"高度"属性值为"1200",在"构件做法"窗口套取清单和定额,结合工程实际描述清单项目特征,正确选择或填写"工程量表达式",如图 2.14.5 所示。

图 2.14.4

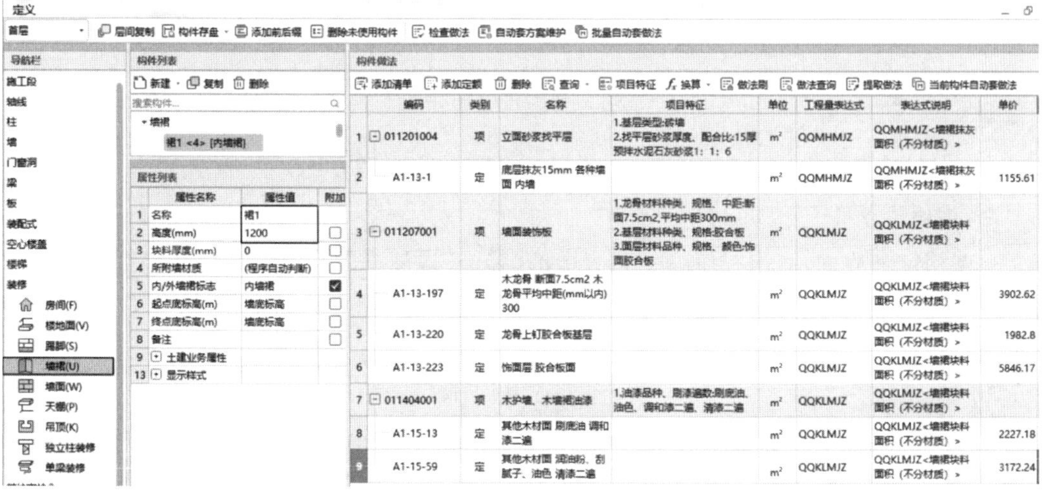

图 2.14.5

（4）墙面定义。

在首层定义界面，点击"导航栏"列表中的"装饰"构件下的"墙面"，在"构件列表"中新建"内墙面 1"，不修改"属性列表"的属性值，在"构件做法"窗口套取清单和定额，结合工程实际描述清单项目特征，正确选择或填写"工程量表达式"，如图 2.14.6 所示。

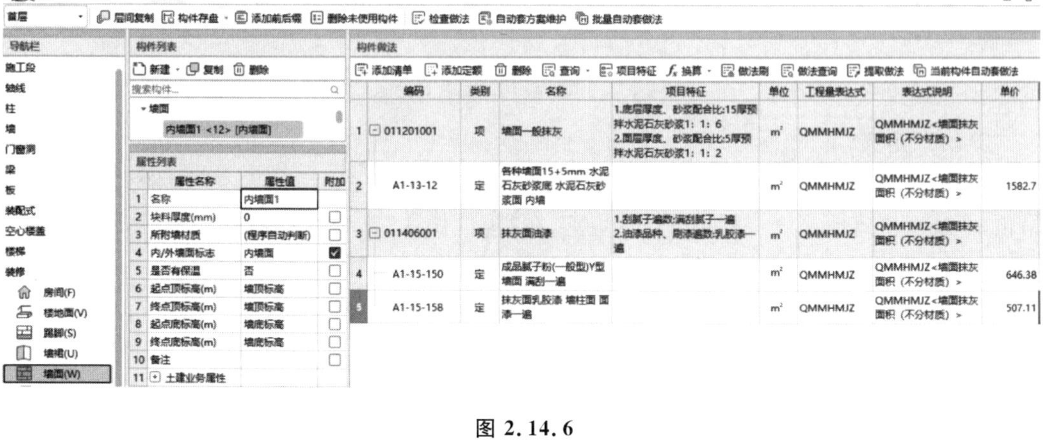

图 2.14.6

首层接待室内墙面根部设计有 1.2 m 高墙裙装饰,故其内墙面装饰底标高应该改为
1.2 m。在首层定义界面,选中"构件列表"中的"内墙面 1",点击"复制",修改"名称"为"接
待室内墙面 1",修改"起点底标高"和"终点底标高"属性值为"1.2",无须修改"构件做法",如
图 2.14.7 所示。

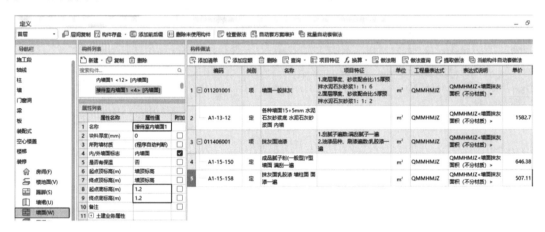

图 2.14.7

(5)天棚定义。

在首层定义界面,点击"导航栏"列表中的"装饰"构件下的"天棚",在"构件列表"中新建
"棚 1",不修改"属性列表"的属性值,在"构件做法"窗口套取清单和定额,结合工程实际描述
清单项目特征,正确选择或填写"工程量表达式",如图 2.14.8 所示。

图 2.14.8

(6)吊顶定义。

在首层定义界面,点击"导航栏"列表中的"装饰"构件下的"吊顶",在"构件列表"中新建
"吊顶 1",修改"离地高度"属性值为"3000",在"构件做法"窗口套取清单和定额,结合工程实
际描述清单项目特征,正确选择或填写"工程量表达式",如图 2.14.9 所示。

(7)房心回填定义。

根据"1-1 剖面图",室内外高差为 450 mm,"工程装饰做法"中"地 1"素土回填 210 mm
厚、"地 2"素土回填 220 mm 厚,即首层地面需要做房心回填处理。

图 2.14.9

在首层定义界面,点击"导航栏"列表中的"土方"构件下的"房心回填",在"构件列表"中新建"地 1-房心回填",修改"厚度"属性值为"210",修改"顶标高"属性值为"-0.24",在"构件做法"窗口套取清单和定额,结合工程实际描述清单项目特征,正确选择或填写"工程量表达式",如图 2.14.10 所示。

图 2.14.10

在首层定义界面,选中"构件列表"中的"地 1-房心回填",点击"复制",修改"名称"为"地 2-房心回填",修改"厚度"属性值为"220",修改"顶标高"属性值为"-0.23",无须修改"构件做法",如图 2.14.11 所示。

(8)房间定义。

在首层定义界面,点击"导航栏"列表中的"装饰"构件下的"房间",在"构件列表"中新建"接待室",根据"工程装饰做法表",依次选择"构件类型"列表中的"楼地面""墙裙""墙面"等构件,在右边的"依附构件类型"窗口点击"添加依附构件",如图 2.14.12 所示。

在首层房间定义状态下,在"构件列表"中新建"培训室 1",根据"工程装饰做法表",依次选择"构件类型"列表中的"楼地面""踢脚""墙面"等构件,在右边的"依附构件类型"窗口点击"添加依附构件",如图 2.14.13 所示。

图 2.14.11

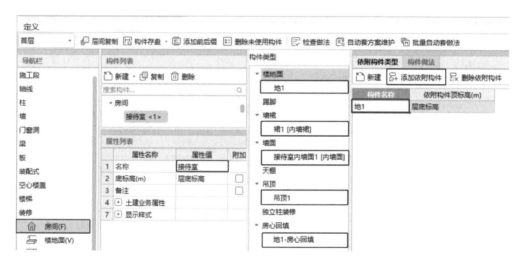

图 2.14.12

图 2.14.13

选中"构件列表"中的"培训室 1",点击"复制",将其复制为"培训室 2",不需要修改构件属性及构件做法,如图 2.14.14 所示。

图 2.14.14

在首层房间定义状态下,在"构件列表"中新建"楼梯间",根据"工程装饰做法表",依次选择"构件类型"列表中的"楼地面""踢脚""墙面"等构件,在右边的"依附构件类型"窗口点击"添加依附构件",如图 2.14.15 所示。

图 2.14.15

2.14.2　第 2 层室内装饰定义

(1)楼面定义。

在定义界面,楼层切换到"第 2 层"。点击"导航栏"列表中的"装饰"构件下的"楼地面",在"构件列表"中新建"楼 1",修改"块料厚度"属性值为"15",在"构件做法"窗口套取清单和定额,结合工程实际描述清单项目特征,正确选择或填写"工程量表达式",如图 2.14.16 所示。

图 2.14.16

在"构件列表"中新建"楼 2",不修改"属性列表"的属性值,在"构件做法"窗口套取清单和定额,结合工程实际描述清单项目特征,正确选择或填写"工程量表达式",如图 2.14.17 所示。

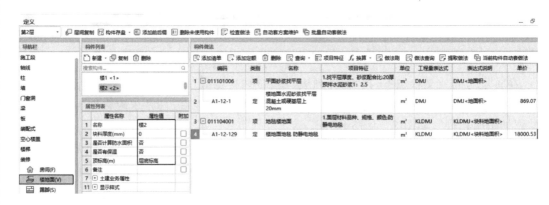

图 2.14.17

(2)踢脚定义。

在第 2 层定义界面,点击"导航栏"列表中的"装饰"构件下的"踢脚",在"构件列表"中新建"踢 1",修改"高度"属性值为"120",修改"块料厚度"属性值为"15",在"构件做法"窗口套取清单和定额,结合工程实际描述清单项目特征,正确选择或填写"工程量表达式",如图 2.14.18所示。

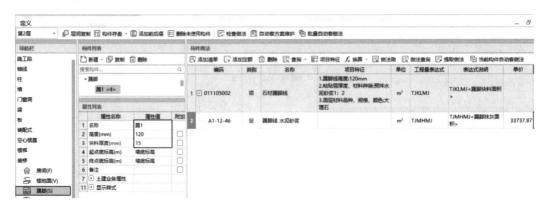

图 2.14.18

第 2 层的室内装饰构件"踢 2""内墙面 1"和"棚 1"与首层相同,可以直接从首层复制。在第 2 层定义界面,点击"层间复制",在弹出的"层间复制"窗口中选择"源楼层"和"要复制的构件",如图 2.14.19 所示,点击"确定"完成室内装饰构件的复制。

图 2.14.19

(3)房间定义。

第 2 层"房间"的定义操作方法与首层一样,但是楼梯间要以楼梯左边为界一分为二,按两个房间定义,第 2 层定义的房间分别是"会客室""培训室 3""培训室 4""左边楼梯间"和"右边楼梯间",各个房间的"属性列表"属性值与"构件做法",如图 2.14.20~图 2.14.24 所示。

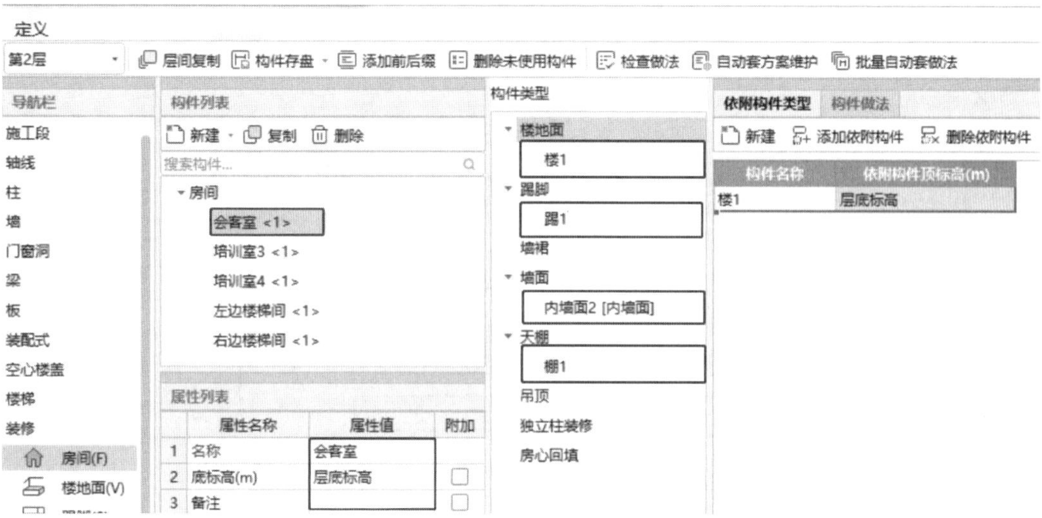

图 2.14.20

图 2.14.21

图 2.14.22

图 2.14.23

图 2.14.24

2.14.3 房间绘制

（1）首层房间绘制。

关闭定义界面，返回首层房间建模界面。在"构件列表"中依次选择"接待室""培训室1""培训室2"和"楼梯间"，"绘图"面板中选择"点"画法，根据"首层平面图"各个房间的位置，鼠标左键分别在对应房间内单击，完成首层房间的绘制，如图 2.14.25 所示。

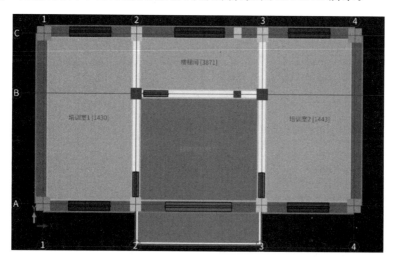

图 2.14.25

（2）第2层房间绘制。

在房间建模状态下，切换楼层为"第2层"。在"构件列表"中依次选择"会客室""培训室3""培训室4""左边楼梯间"和"右边楼梯间"，在"绘图"面板中选择"点"画法，根据"二层平面图"各个房间的位置，鼠标左键分别在对应房间内单击，完成第2层房间的绘制，如图 2.14.26所示。

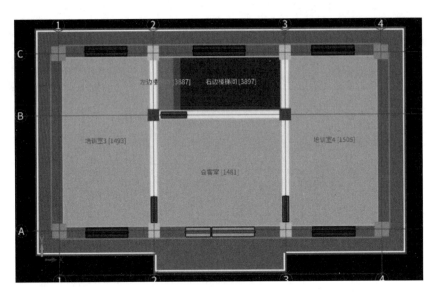

图 2.14.26

2.14.4 室内装饰工程量计算

（1）汇总计算。

使用快捷键方式进行汇总计算，按下 F9 键，在弹出的"汇总计算"窗口中勾选全楼构件进行汇总计算。

（2）首层室内装饰工程量。

在首层"工程量"选项卡状态下，选择"导航栏"列表中的"房间"，框选全部房间，点击"土建计算结果"面板中的"查看工程量"按钮，在弹出的"查看构件图元工程量"窗口中选择查看"做法工程量"，如图 2.14.27、图 2.14.28 所示。

查看构件图元工程量

构件工程量 ｜ 做法工程量

	编码	项目名称	单位	工程量	单价	合价
1	010404001	垫层	m³	8.8392		
2	A1-4-125	垫层 3:7灰土	10m³	0.88392	1982.98	1752.7957
3	011101003	细石混凝土楼地面	m²	58.928		
4	A1-12-9	细石混凝土找平层 30mm	100m²	0.58928	1046.92	616.929
5	A1-12-10 *4	细石混凝土找平层 每增减5mm 单价*4	100m²	0.58928	177.18	104.4086
6	010904002	楼(地)面涂膜防水	m²	20.8169		
7	A1-10-69	单组份聚氨酯涂膜防水 平面 1.5mm厚	100m²	0.208169	6013.52	1251.8284
8	A1-10-90	单组份聚氨酯涂膜防水 平面 每增减0.5mm	100m²	0.208169	1925.2	400.767
9	011101003	细石混凝土楼地面	m²	15.6129		
10	A1-12-9	细石混凝土找平层 30mm	100m²	0.156129	1046.92	163.4546
11	011104002	竹、木(复合)地板	m²	16.5535		
12	A1-12-149	普通实木地板 铺在水泥地面上 企口	100m²	0.168129	13900.97	2337.1562
13	011102003	块料楼地面	m²	43.3421		
14	A1-12-74	楼地面陶瓷地砖(每块周长mm) 2400以内 水泥砂浆	100m²	0.436391	12428.87	5423.847
15	011105003	块料踢脚线	m²	5.4912		
16	A1-12-79	铺贴陶瓷地砖 踢脚线 水泥砂浆	100m²	0.054912	9161.68	503.0862

图 2.14.27

查看构件图元工程量

构件工程量 | 做法工程量

	编码	项目名称	单位	工程量	单价	合价
17	011201004	立面砂浆找平层	m²	12.9		
18	A1-13-1	底层抹灰15mm 各种墙面 内墙	100m²	0.129	1155.61	149.0737
19	011207001	墙面装饰板	m²	13.914		
20	A1-13-197	木龙骨 断面7.5cm² 木龙骨平均中距(mm以内) 300	100m²	0.13914	3902.62	543.0105
21	A1-13-220	龙骨上钉胶合板基层	100m²	0.13914	1982.8	275.8868
22	A1-13-223	饰面层 胶合板面	100m²	0.13914	5846.17	813.4361
23	011404001	木护墙、木墙裙油漆	m²	13.914		
24	A1-15-13	其他木面油 刷底油 调和漆二遍	100m²	0.13914	2227.18	309.8898
25	A1-15-59	其他木面油 润油粉、刮腻子、油色 清漆二遍	100m²	0.13914	3172.24	441.3855
26	011201001	墙面一般抹灰	m²	169.2833		
27	A1-13-12	各种墙面15+5mm 水泥石灰砂浆底 水泥石灰砂浆面 内墙	100m²	1.708683	1582.7	2704.3326
28	011406001	抹灰面油漆	m²	169.2833		
29	A1-15-150	成品腻子粉(一般型)Y型 墙面 满刮一遍	100m²	1.708683	646.38	1104.4585
30	A1-15-158	抹灰面乳胶漆 墙柱面 面漆一遍	100m²	1.708683	507.11	866.4902
31	011301001	天棚抹灰	m²	35.2512		
32	A1-14-3	水泥石灰砂浆底 石灰砂浆面 10+5mm	100m²	0.352512	1926.59	679.1461
33	011406001	抹灰面油漆	m²	35.2512		
34	A1-15-151	成品腻子粉(一般型)Y型 天棚面 满刮一遍	100m²	0.352512	764.41	269.4637
35	A1-15-159	抹灰面乳胶漆 天棚面 面漆一遍	100m²	0.352512	570.04	200.9459
36	011302001	吊顶天棚	m²	15.6129		
37	A1-14-35	装配式U型轻钢天棚龙骨(不上人型) 面层规格(mm) 300×300 平面	100m²	0.156129	5112.33	798.183
38	A1-14-122	吸音板面层 石膏吸音板	100m²	0.156129	9110.73	1422.4492
39	010103001	回填方	m³	12.808		
40	A1-1-127	回填土 人工夯实	100m³	0.12808	3031.16	388.231

图 2.14.28

在首层"工程量"选项卡状态下,选择"导航栏"列表中的"楼地面",框选阳台板面装饰"楼3",点击"土建计算结果"面板中的"查看工程量"按钮,在弹出的"查看构件图元工程量"窗口中选择查看"做法工程量",如图 2.14.29 所示。

查看构件图元工程量

构件工程量 | 做法工程量

	编码	项目名称	单位	工程量	单价	合价
1	011102003	块料楼地面	m²	5.1988		
2	A1-12-72	楼地面陶瓷地砖(每块周长mm) 1300以内 水泥砂浆	100m²	0.052258	8617.54	450.3354
3	010904002	楼(地)面涂膜防水	m²	6.3681		
4	A1-10-89	单组份聚氨酯涂膜防水 平面 1.5mm厚	100m²	0.063681	6013.52	382.947
5	A1-10-90	单组份聚氨酯涂膜防水 平面 每增减0.5mm	100m²	0.063681	1925.2	122.5987

图 2.14.29

(3)第2层室内装饰工程量。

在第2层"工程量"选项卡状态下,选择"导航栏"列表中的"房间",框选全部房间,点击"土建计算结果"面板中的"查看工程量"按钮,在弹出的"查看构件图元工程量"窗口中选择查看"做法工程量",如图 2.14.30、图 2.14.31 所示。

查看构件图元工程量

构件工程量　做法工程量

	编码	项目名称	单位	工程量	单价	合价
1	011102001	石材楼地面	m²	15.9588		
2	A1-12-39	楼地面(每块周长mm) 3200以内 水泥砂浆	100m²	0.161012	31967.84	5147.2059
3	011101006	平面砂浆找平层	m²	35.3702		
4	A1-12-1	楼地面水泥砂浆找平层 混凝土或硬基层上 20mm	100m²	0.353702	869.07	307.3918
5	011104001	地毯楼地面	m²	35.352		
6	A1-12-129	楼地面地毯 防静电地毯	100m²	0.355862	18000.53	6405.7046
7	011105002	石材踢脚线	m²	1.5804		
8	A1-12-46	踢脚线 水泥砂浆	100m²	0.0147	33737.97	495.9482

图 2.14.30

查看构件图元工程量

构件工程量　做法工程量

	编码	项目名称	单位	工程量	单价	合价
9	011105003	块料踢脚线	m²	4.4394		
10	A1-12-79	铺贴陶瓷地砖 踢脚线 水泥砂浆	100m²	0.044394	9161.68	406.7236
11	011201001	墙面一般抹灰	m²	147.3963		
12	A1-13-12	各种墙面15+5mm 水泥石灰砂浆底 水泥石灰砂浆面 内墙	100m²	1.473963	1582.7	2332.8412
13	011406001	抹灰面油漆	m²	147.3963		
14	A1-15-150	成品腻子粉(一般型)Y型 墙面 满刮一遍	100m²	1.473963	646.38	952.7402
15	A1-15-158	抹灰面乳胶漆 墙柱面 面漆一遍	100m²	1.473963	507.11	747.4614
16	011201004	立面砂浆找平层	m²	44.1294		
17	A1-13-1	底层抹灰15mm 各种墙面 内墙	100m²	0.441294	1155.61	509.9638
18	011201001	墙面一般抹灰	m²	44.1294		
19	A1-13-47	墙、柱面钉(挂)钢(铁)网 铁丝网	100m²	0.441294	1879.32	829.3326
20	A1-10-111	普通防水砂浆 立面 20mm厚	100m²	0.441294	1125.04	496.4734
21	011207001	墙面装饰板	m²	45.4614		
22	A1-13-227	饰面层 海棉软包 织物面	100m²	0.454614	7981.12	3628.3289
23	011301001	天棚抹灰	m²	58.7664		
24	A1-14-3	水泥石灰砂浆底 石灰砂浆面 10+5mm	100m²	0.587664	1926.59	1132.1876
25	011406001	抹灰面油漆	m²	58.7664		
26	A1-15-151	成品腻子粉(一般型)Y型 天棚面 满刮一遍	100m²	0.587664	764.41	449.2162
27	A1-15-159	抹灰面乳胶漆 天棚面 面漆一遍	100m²	0.587664	570.04	334.992
28	011102003	块料楼地面	m²	1.32		
29	A1-12-72	楼地面陶瓷地砖(每块周长mm) 1300以内 水泥砂浆	100m²	0.01354	8617.54	116.6815
30	010904002	楼(地)面涂膜防水	m²	2.1262		
31	A1-10-69	单组份聚氨酯涂膜防水 平面 1.5mm厚	100m²	0.021262	6013.52	127.8595
32	A1-10-90	单组份聚氨酯涂膜防水 平面 每增减0.5mm	100m²	0.021262	1925.2	40.9336

图 2.14.31

任务 15　室外装饰建模算量

知识目标

(1)掌握应用广联达 GTJ2021 软件进行室外装饰建模算量的操作流程及方法;

(2)巩固并深化室外装饰清单定额工程量计算规则的核心知识;

(3)掌握工程造价数字化应用职业技能等级证书考试中的室外装饰建模算量相关知识。

能力目标

(1)能熟练应用广联达 GTJ2021 软件进行室外装饰建模算量;

(2)能应用三维视图、云检查、云指标以及云对比等方法进行工程量核查纠错;

(3)能自主发现更多关于室外装饰建模算量的软件应用技巧。

思政素质目标

(1)树立正确的审美观,敢于适当表现自己;

(2)激发爱拼才会赢的拼搏精神;

(3)培养谨言慎行、行稳致远的良好职业习惯。

操作流程

2.15.1　室外装饰定义

根据"工程装饰做法表"完成室外装饰构件的定义,再按照外墙装饰做法套取室外装饰构件的清单及定额。

(1)外墙裙定义。

在首层建模状态下,鼠标左键双击"导航栏"列表中的"装饰"构件下的"墙裙",进入定义界面。在"构件列表"中新建"外墙裙",修改"高度"属性值为"900",修改"起点底标高"和"终点底标高"为"−0.45",在"构件做法"窗口套取清单和定额,结合工程实际描述清单项目特征,正确选择或填写"工程量表达式",如图 2.15.1 所示。

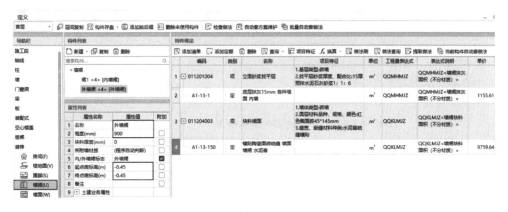

图 2.15.1

(2)外墙面定义。

在首层定义界面下,点击"导航栏"列表中的"装饰"构件下的"墙面",在"构件列表"中新建"外墙面",修改"起点底标高"和"终点底标高"为"0.45",在"构件做法"窗口套取清单和定额,结合工程实际描述清单项目特征,正确选择或填写"工程量表达式",如图 2.15.2 所示。

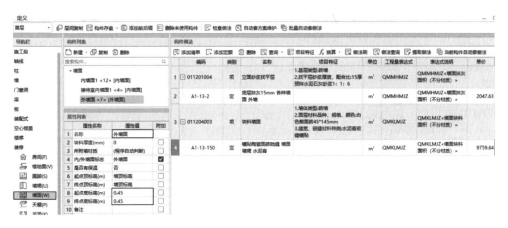

图 2.15.2

在首层定义界面下,点击"层间复制",在弹出的"层间复制"窗口中选择"复制构件到其他楼层","当前楼层构件"勾选"外墙面","目标楼层"勾选"第 2 层"和"第 3 层",如图 2.15.3 所示。不需要修改"构件做法",但需要修改"属性列表"中"起点底标高"和"终点底标高"属性值为"墙底标高",如图 2.15.4 所示。

图 2.15.3

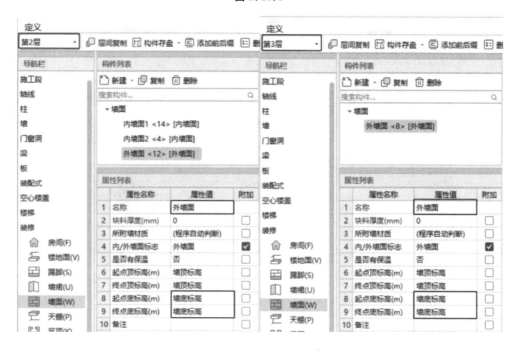

图 2.15.4

2.15.2　室外装饰绘制

（1）外墙裙绘制。

关闭定义界面，返回首层外墙裙建模界面。在"构件列表"中选择"外墙裙"，在"绘图"面板中选择"点"画法，根据"南立面图"和"北立面图"外墙裙的位置，鼠标左键分别在首层外墙面上单击，完成外墙裙的绘制，如图 2.15.5 所示。

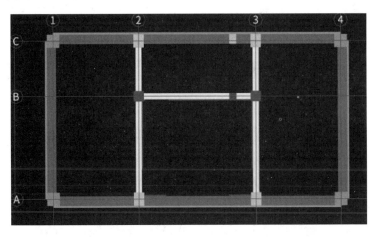

图 2.15.5

（2）外墙面绘制。

在首层建模状态下，点击"导航栏"列表中的"装饰"构件下的"墙面"，在"构件列表"选择"外墙面"，在"绘图"面板中选择"点"画法，根据图纸外墙面的位置，鼠标左键分别在首层外墙面上单击，完成首层外墙面的绘制，如图 2.15.6 所示。

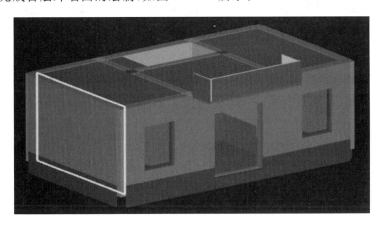

图 2.15.6

在首层墙面建模状态下，切换楼层为"第 2 层"。在"构件列表"中选择"外墙面"，在"绘图"面板中选择"点"画法，根据图纸外墙面的位置，鼠标左键分别在第 2 层外墙面上单击，完成第 2 层外墙面的绘制，如图 2.15.7 所示。

在第 2 层墙面建模状态下，切换楼层为"第 3 层"。在"构件列表"中选择"外墙面"，在"绘图"面板中选择"点"画法，根据图纸外墙面的位置，鼠标左键逐一在第 3 层女儿墙的外立面和内立面上分别单击，完成第 3 层外墙面的绘制，如图 2.15.8 所示。

图 2.15.7

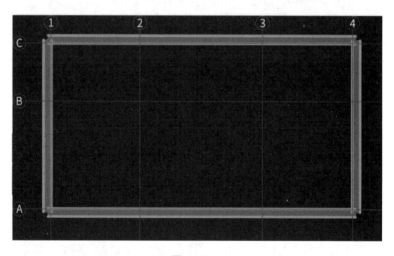

图 2.15.8

2.15.3 阳台板面的楼面绘制

在首层建模状态下,点击"导航栏"列表中的"装饰"构件下的"楼地面",在"构件列表"选择"楼3",在"绘图"面板中选择"点"画法,左键在阳台板上单击,阳台板面的楼面装饰绘制完成。

2.15.4 阳台、雨篷板底的天棚绘制

在首层建模状态下,点击"导航栏"列表中的"装饰"构件下的"天棚",在"构件列表"选择"棚1",在"绘图"面板中选择"点"画法,左键在阳台板上单击,阳台板底的天棚装饰绘制完成。

在第2层建模状态下,点击"导航栏"列表中的"装饰"构件下的"天棚",在"构件列表"选择"棚1",在"绘图"面板中选择"点"画法,左键在雨篷板上单击,雨篷板底的天棚装饰绘制完成。

2.15.5 室外装饰工程量计算

(1)汇总计算。

使用快捷键方式进行汇总计算,按下F9键,在弹出的"汇总计算"窗口中勾选全楼构件进行汇总计算。

（2）外墙裙工程量。

在首层"工程量"选项卡状态下，选择"导航栏"列表中的"墙裙"，点选全部外墙裙，点击"土建计算结果"面板中的"查看工程量"按钮，在弹出的"查看构件图元工程量"窗口中选择查看"做法工程量"，如图 2.15.9 所示。

	编码	项目名称	单位	工程量	单价	合价
1	011201004	立面砂浆找平层	m²	31.5		
2	A1-13-1	底层抹灰15mm 各种墙面 内墙	100m²	0.315	1155.61	364.0171
3	011204003	块料墙面	m²	31.6372		
4	A1-13-150	镶贴陶瓷面砖疏缝 墙面墙裙 水泥膏	100m²	0.316372	9759.64	3087.6768

图 2.15.9

（3）外墙面工程量。

在首层"工程量"选项卡状态下，选择"导航栏"列表中的"墙面"，点选首层全部外墙面，点击"土建计算结果"面板中的"查看工程量"按钮，在弹出的"查看构件图元工程量"窗口中选择查看"做法工程量"，如图 2.15.10 所示。

	编码	项目名称	单位	工程量	单价	合价
1	011201004	立面砂浆找平层	m²	94.134		
2	A1-13-2	底层抹灰15mm 各种墙面 外墙	100m²	0.94134	2047.63	1927.516
3	011204003	块料墙面	m²	100.3102		
4	A1-13-150	镶贴陶瓷面砖疏缝 墙面墙裙 水泥膏	100m²	1.003102	9759.64	9789.9144

图 2.15.10

在"工程量"选项卡状态下，切换楼层为"第 2 层"，选择"导航栏"列表中的"墙面"，点选第 2 层全部外墙面，点击"土建计算结果"面板中的"查看工程量"按钮，在弹出的"查看构件图元工程量"窗口中选择查看"做法工程量"，如图 2.15.11 所示。

	编码	项目名称	单位	工程量	单价	合价
1	011201004	立面砂浆找平层	m²	107.422		
2	A1-13-2	底层抹灰15mm 各种墙面 外墙	100m²	1.07422	2047.63	2199.6051
3	011204003	块料墙面	m²	113.9642		
4	A1-13-145	镶贴陶瓷面砖密缝 墙面 水泥膏 块料周长600内	100m²	1.139642	9400.35	10713.0337

图 2.15.11

在"工程量"选项卡状态下，切换楼层为"第 3 层"，选择"导航栏"列表中的"墙面"，点选第 3 层全部外墙面，点击"土建计算结果"面板中的"查看工程量"按钮，在弹出的"查看构件图元工程量"窗口中选择查看"做法工程量"，如图 2.15.12 所示。

查看构件图元工程量

	编码	项目名称	单位	工程量	单价	合价
1	011201004	立面砂浆找平层	m²	38.0592		
2	A1-13-2	底层抹灰15mm 各种墙面 外墙	100m²	0.380592	2047.63	779.3116
3	011204003	块料墙面	m²	38.0592		
4	A1-13-145	镶贴陶瓷面砖密缝 墙面 水泥膏 块料周长600内	100m²	0.380592	9400.35	3577.698

图 2.15.12

（4）楼面工程量。

在首层"工程量"选项卡状态下,选择"导航栏"列表中的"楼地面",点选阳台板面的楼面,点击"土建计算结果"面板中的"查看工程量"按钮,在弹出的"查看构件图元工程量"窗口中选择查看"做法工程量",如图 2.15.13 所示。

查看构件图元工程量

	编码	项目名称	单位	工程量	单价	合价
1	011102003	块料楼地面	m²	5.1988		
2	A1-12-72	楼地面陶瓷地砖(每块周长mm) 1300以内 水泥砂浆	100m²	0.052258	8617.54	450.3354
3	010904002	楼(地)面涂膜防水	m²	6.3681		
4	A1-10-89	单组份聚氨酯涂膜防水 平面 1.5mm厚	100m²	0.063681	6013.52	382.947
5	A1-10-90	单组份聚氨酯涂膜防水 平面 每增减0.5mm	100m²	0.063681	1925.2	122.5987

图 2.15.13

（5）天棚工程量。

在首层"工程量"选项卡状态下,选择"导航栏"列表中的"天棚",点选阳台板底的天棚,点击"土建计算结果"面板中的"查看工程量"按钮,在弹出的"查看构件图元工程量"窗口中选择查看"做法工程量",如图 2.15.14 所示。

查看构件图元工程量

	编码	项目名称	单位	工程量	单价	合价
1	011301001	天棚抹灰	m²	5.472		
2	A1-14-3	水泥石灰砂浆底 石灰砂浆面 10+5mm	100m²	0.05472	1926.59	105.423
3	011406001	抹灰面油漆	m²	5.472		
4	A1-15-151	成品腻子粉(一般型)Y型 天棚面 满刮一遍	100m²	0.05472	764.41	41.8285
5	A1-15-159	抹灰面乳胶漆 天棚面 面漆一遍	100m²	0.05472	570.04	31.1926

图 2.15.14

在第 2 层"工程量"选项卡状态下,选择"导航栏"列表中的"天棚",点选雨篷板底的天棚,点击"土建计算结果"面板中的"查看工程量"按钮,在弹出的"查看构件图元工程量"窗口中选择查看"做法工程量",如图 2.15.15 所示。

查看构件图元工程量

	编码	项目名称	单位	工程量	单价	合价
1	011301001	天棚抹灰	m²	25.896		
2	A1-14-3	水泥石灰砂浆底 石灰砂浆面 10+5mm	100m²	0.25896	1926.59	498.9097
3	011406001	抹灰面油漆	m²	25.896		
4	A1-15-151	成品腻子粉(一般型)Y型 天棚面 满刮一遍	100m²	0.25896	764.41	197.9516
5	A1-15-159	抹灰面乳胶漆 天棚面 面漆一遍	100m²	0.25896	570.04	147.6176

图 2.15.15

任务 16 汇总计算与导出报表

汇总计算与导出报表见二维码视频操作流程。

操作流程

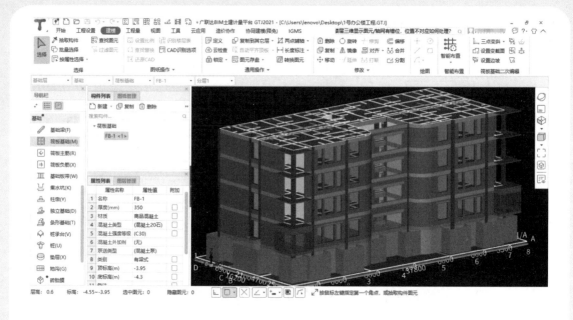

模块三　　GTJ2021CAD 识别建模算量

任务 1　新建工程与识别轴网

知识目标

(1)掌握新建工程的方法与技巧；

(2)掌握工程设置信息的编辑与修改方法；

(3)掌握识别轴网的操作方法和技巧。

能力目标

(1)能够熟练新建 GTJ 工程文件；

(2)能够正确编辑与修改工程设置信息；

(3)能够熟练完成识别轴网的建模操作。

思政素质目标

(1)勤学多练，互帮互助；

(2)认真细致，善于钻研；

(3)勤奋好学，积极进取。

操作流程

3.1.1　新建工程

　　鼠标左键双击电脑桌面 快捷方式打开广联达 BIM 土建计量平台 GTJ2021 软件,输入个人注册的账号和密码登录软件。进入 GTJ2021 平台首页,点击左上角"新建",进入新建工程界面,填写"工程名称",选择"计算规则""清单定额库"以及"钢筋规则",这些信息十分重要且计算规则选择直接影响到工程量准确性,应该认真填写正确。新建"1 号办公楼工程"的信息填写如图 3.1.1 所示。

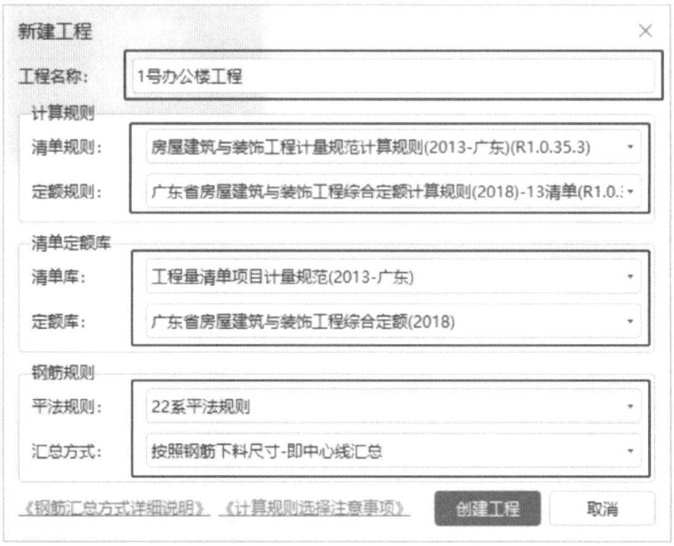

图 3.1.1

点击"新建工程"界面上的"创建工程",进入广联达 BIM 土建计量平台 GTJ2021 建模界面,默认进入"工程设置"选项卡状态,如图 3.1.2 所示。

图 3.1.2

3.1.2 工程设置

(1)工程信息。

点击"基本设置"面板中的"工程信息"进行 1 号办公楼工程信息设置,工程信息界面蓝色显示的属性值尤为重要,务必要正确输入,否则会影响相应工程量的准确性,如图 3.1.3 所示。

工程信息

工程信息 | 计算规则 | 编制信息 | 自定义

	属性名称	属性值
5	建筑类型:	居住建筑
6	建筑用途:	住宅
7	地上层数(层):	
8	地下层数(层):	
9	裙房层数:	
10	建筑面积(m²):	(0)
11	地上面积(m²):	(0)
12	地下面积(m²):	(0)
13	人防工程:	无人防
14	檐高(m):	14.85
15	结构类型:	框架结构
16	基础形式:	筏形基础
17	□ 建筑结构等级参数:	
18	抗震设防类别:	
19	抗震等级:	三级抗震
20	□ 地震参数:	
21	设防烈度:	7
22	基本地震加速度（g）:	
23	设计地震分组:	
24	环境类别:	
25	□ 施工信息:	
26	钢筋接头形式:	
27	室外地坪相对±0.000标高(m):	-0.45

图 3.1.3

单击"工程信息"界面中的"计算规则"，修改"钢筋报表"属性值，如图 3.1.4 所示。

工程信息

工程信息 | 计算规则 | 编制信息 | 自定义

	属性名称	属性值
1	清单规则:	房屋建筑与装饰工程计量规范计算规则(2013-广东)(R1.0.35.3)
2	定额规则:	广东省房屋建筑与装饰工程综合定额计算规则(2018)-13清单(R1.0.35.3)
3	平法规则:	22系平法规则
4	清单库:	工程量清单项目计量规范(2013-广东)
5	定额库:	广东省房屋建筑与装饰工程综合定额(2018)
6	钢筋损耗:	不计算损耗
7	钢筋报表:	广东(2018)
8	钢筋汇总方式:	按照钢筋下料尺寸-即中心线汇总

温馨提示: 如果要修改计算规则, 需要导出工程 [立即导出]

图 3.1.4

（2）楼层设置。

点击"建模"选项卡，在"图纸管理"面板中点击"添加图纸"，找到"1 号办公楼结构图"的储存位置，左键双击图纸名称将其导入 GTJ2021 软件，如图 3.1.5 所示。

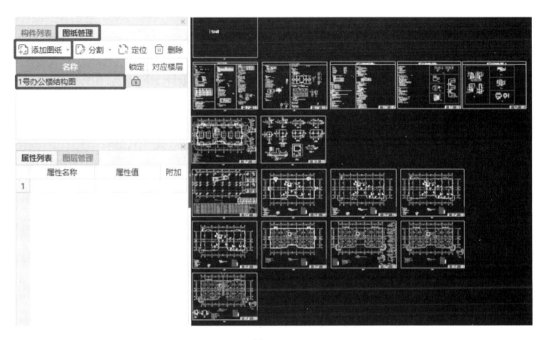

图 3.1.5

在建模状态下,点击"图纸操作"面板中的"识别楼层表",鼠标左键框选"一三层顶梁配筋图"中的"结构层楼面标高表"(即楼层表),如图 3.1.6 所示。

点击右键确认,弹出"识别楼层表"窗口,如图 3.1.7 所示。点击"识别"完成楼层表识别,根据"1 号办公楼结构图",修改基础层"层高"为"0.6",修改屋顶"层高"为"2",如图 3.1.8 所示。

图 3.1.6　　　　　　　　　　　　　　　　　　图 3.1.7

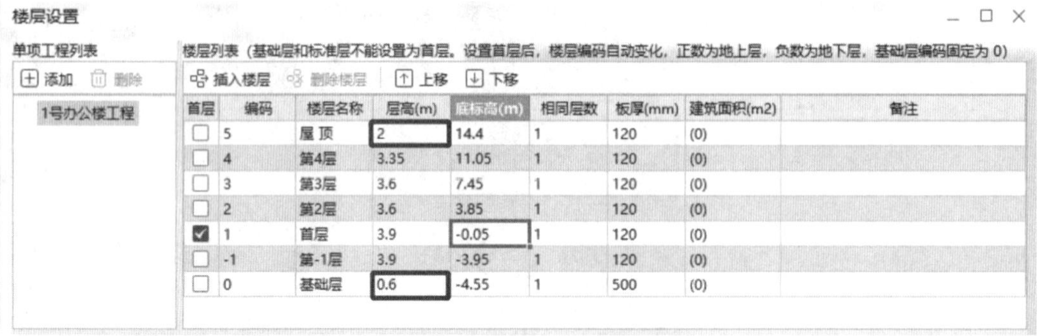

图 3.1.8

在"楼层设置"界面选择"首层",修改"混凝土强度等级"和"保护层厚度"属性值,再点击"复制到其他楼层",快速修改其他楼层的"混凝土强度等级"和"保护层厚度",如图 3.1.9 所示。注意−1层的"保护层厚度"还需要根据"地下室工程结构设计说明"进行修改,如图 3.1.10所示。对于"锚固"和"搭接"的相关参数,软件会根据工程信息中输入的抗震等级和设防烈度自动修改,其他数据一般不做修改。

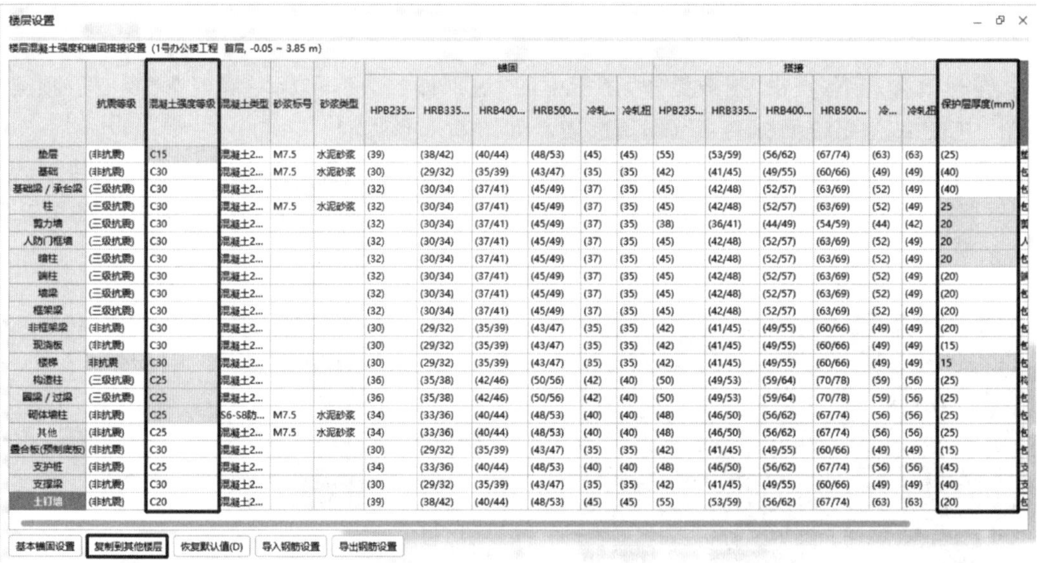

图 3.1.9

(3)土建设置。

"土建设置"面板有"计算设置"和"计算规则"两个选项,土建设置会自动根据新建工程时选择的清单和定额计算规则进行正确设置,一般不需要修改。

(4)钢筋设置。

点击"钢筋设置"面板中的"计算设置",进入界面后点击"计算规则",根据工程图纸修改各构件的计算规则,比如修改"柱/墙柱在基础插筋锚固区内的箍筋数量"为"2",改后的设置值底色会改变,如图 3.1.11 所示。

在"计算设置"界面点击"搭接设置",根据图纸修改钢筋的连接形式,如图 3.1.12 所示。

楼层设置 　　　　　　　　　　　　　　　　　　　　　　　　　 _ 🗗 ×

楼层混凝土强度和锚固搭接设置 (1号办公楼工程 第-1层, -3.95 ~ -0.05 m)

	抗震等级	混凝土强度等级	混凝土类型	砂浆标号	砂浆类型	锚固						搭接						保护层厚度(mm)
						HPB235...	HRB335...	HRB400...	HRB500...	冷轧...	冷轧...	HPB235...	HRB335...	HRB400...	HRB500...	冷轧...	冷轧扭	
垫层	(非抗震)	C15	混凝土2...	M7.5	水泥砂浆	(39)	(38/42)	(40/44)	(48/53)	(45)	(45)	(55)	(53/59)	(56/62)	(67/74)	(63)	(63)	(25)
基础	(非抗震)	C30	混凝土2...	M7.5	水泥砂浆	(30)	(29/32)	(35/39)	(43/47)	(35)	(35)	(42)	(41/45)	(49/55)	(60/66)	(49)	(49)	(40)
基础梁/承台梁	(三级抗震)	C30	混凝土2...			(32)	(30/34)	(37/41)	(45/49)	(37)	(35)	(45)	(42/48)	(52/57)	(63/69)	(52)	(49)	(40)
柱	(三级抗震)	C30	混凝土2...	M7.5	水泥砂浆	(32)	(30/34)	(37/41)	(45/49)	(37)	(35)	(45)	(42/48)	(52/57)	(63/69)	(52)	(49)	30
剪力墙	(三级抗震)	C30	混凝土2...			(32)	(30/34)	(37/41)	(45/49)	(37)	(35)	(38)	(36/41)	(44/49)	(54/59)	(44)	(42)	50
人防门框墙	(三级抗震)	C30	混凝土2...			(32)	(30/34)	(37/41)	(45/49)	(37)	(35)	(45)	(42/48)	(52/57)	(63/69)	(52)	(49)	20
墙柱	(三级抗震)	C30	混凝土2...			(32)	(30/34)	(37/41)	(45/49)	(37)	(35)	(45)	(42/48)	(52/57)	(63/69)	(52)	(49)	20
暗柱	(三级抗震)	C30	混凝土2...			(32)	(30/34)	(37/41)	(45/49)	(37)	(35)	(45)	(42/48)	(52/57)	(63/69)	(52)	(49)	(20)
墙梁	(三级抗震)	C30	混凝土2...			(32)	(30/34)	(37/41)	(45/49)	(37)	(35)	(45)	(42/48)	(52/57)	(63/69)	(52)	(49)	(20)
框架梁	(三级抗震)	C30	混凝土2...			(32)	(30/34)	(37/41)	(45/49)	(37)	(35)	(45)	(42/48)	(52/57)	(63/69)	(52)	(49)	30
非框架梁	(非抗震)	C30	混凝土2...			(30)	(29/32)	(35/39)	(43/47)	(35)	(35)	(42)	(41/45)	(49/55)	(60/66)	(49)	(49)	30
现浇板	(非抗震)	C30	混凝土2...			(30)	(29/32)	(35/39)	(43/47)	(35)	(35)	(42)	(41/45)	(49/55)	(60/66)	(49)	(49)	20
楼梯	非抗震	C30	混凝土2...			(30)	(29/32)	(35/39)	(43/47)	(35)	(35)	(42)	(41/45)	(49/55)	(60/66)	(49)	(49)	20
构造柱	(三级抗震)	C25	混凝土2...			(36)	(35/38)	(42/46)	(50/56)	(42)	(40)	(50)	(49/53)	(59/64)	(70/78)	(59)	(56)	30
圈梁/过梁	(三级抗震)	C25	混凝土2...			(36)	(35/38)	(42/46)	(50/56)	(42)	(40)	(50)	(49/53)	(59/64)	(70/78)	(59)	(56)	30
砌体墙柱	(非抗震)	C25	S6-S8防...	M7.5	水泥砂浆	(34)	(33/36)	(40/44)	(48/53)	(40)	(40)	(48)	(46/50)	(56/62)	(67/74)	(56)	(56)	30
其他	(非抗震)	C25	混凝土2...			(34)	(33/36)	(40/44)	(48/53)	(40)	(40)	(48)	(46/50)	(56/62)	(67/74)	(56)	(56)	(25)
叠合板(预制底板)	(非抗震)	C25	混凝土2...			(30)	(29/32)	(35/39)	(43/47)	(35)	(35)	(42)	(41/45)	(49/55)	(60/66)	(49)	(49)	(15)
支护桩	(非抗震)	C25	混凝土2...			(34)	(33/36)	(40/44)	(48/53)	(40)	(40)	(48)	(46/50)	(56/62)	(67/74)	(56)	(56)	30
支撑梁	(非抗震)	C30	混凝土2...			(30)	(29/32)	(35/39)	(43/47)	(35)	(35)	(42)	(41/45)	(49/55)	(60/66)	(49)	(49)	(40)
土钉墙	(非抗震)	C20	混凝土2...			(39)	(38/42)	(40/44)	(48/53)	(45)	(45)	(55)	(53/59)	(56/62)	(67/74)	(63)	(63)	(20)

基本锚固设置　复制到其他楼层　恢复默认值(D)　导入钢筋设置　导出钢筋设置

图 3.1.10

计算设置

计算规则　节点设置　箍筋设置　搭接设置　箍筋公式

	类型名称	设置值
	柱/墙柱	
	剪力墙	
	人防门框墙	
	连梁	
	框架梁	
	非框架梁	
	板/坡道	

	类型名称	设置值
1	□ 公共设置项	
2	柱/墙柱在基础插筋锚固区内的箍筋数量	2
3	梁(板)上柱/墙柱在插筋锚固区内的箍筋数量	间距500
4	柱/墙柱第一个箍筋距楼板面的距离	50
5	柱/墙柱箍筋加密区根数计算方式	向上取整+1
6	柱/墙柱箍筋非加密区根数计算方式	向上取整-1
7	柱/墙柱箍筋弯勾角度	135°
8	柱/墙柱纵筋搭接接头百分率	50%
9	柱/墙柱搭接部位箍筋加密	是

图 3.1.11

计算设置 　　　　　　　　　　　　　　　　　　　　　　 _ □ ×

计算规则　节点设置　箍筋设置　**搭接设置**　箍筋公式

	钢筋直径范围	连接形式									墙柱竖直筋定尺	其余钢筋定尺
		基础	框架梁	非框架梁	柱	板	墙水平筋	墙垂直筋	其它	基坑支护		
1	□ HPB235,HPB300											
2	3~10	绑扎	绑扎	绑扎	绑扎	绑扎	绑扎	绑扎	绑扎	绑扎	12000	12000
3	12~14	绑扎	绑扎	绑扎	绑扎	绑扎	绑扎	绑扎	绑扎	绑扎	9000	9000
4	16~22	直螺纹连接	直螺纹连接	直螺纹连接	电渣压力焊	直螺纹连接	直螺纹连接	电渣压力焊	电渣压力焊	直螺纹连接	9000	9000
5	25~32	套管挤压	套管挤压	套管挤压	套管挤压	套管挤压	套管挤压	套管挤压	套管挤压	套管挤压	9000	9000
6	□ HRB335,HRB335E,HRBF335,HRBF335E											
7	3~10	绑扎	绑扎	绑扎	绑扎	绑扎	绑扎	绑扎	绑扎	绑扎	12000	12000
8	12~14	绑扎	绑扎	绑扎	绑扎	绑扎	绑扎	绑扎	绑扎	绑扎	9000	9000
9	16~22	直螺纹连接	直螺纹连接	直螺纹连接	电渣压力焊	直螺纹连接	直螺纹连接	电渣压力焊	电渣压力焊	直螺纹连接	9000	9000
10	25~50	套管挤压	套管挤压	套管挤压	套管挤压	套管挤压	套管挤压	套管挤压	套管挤压	套管挤压	9000	9000
11	□ HRB400,HRB400E,HRBF400,HRBF400E...											
12	3~10	绑扎	绑扎	绑扎	绑扎	绑扎	绑扎	绑扎	绑扎	绑扎	12000	12000
13	12~14	绑扎	绑扎	绑扎	绑扎	绑扎	绑扎	绑扎	绑扎	绑扎	9000	9000
14	16~22	直螺纹连接	直螺纹连接	直螺纹连接	直螺纹连接	直螺纹连接	直螺纹连接	电渣压力焊	电渣压力焊	直螺纹连接	9000	9000
15	25~50	套管挤压	套管挤压	套管挤压	直螺纹连接	套管挤压	套管挤压	套管挤压	套管挤压	套管挤压	9000	9000
16	□ 冷轧带肋钢筋											
17	4~10	绑扎	绑扎	绑扎	绑扎	绑扎	绑扎	绑扎	绑扎	绑扎	12000	12000
18	10.5~12	绑扎	绑扎	绑扎	绑扎	绑扎	绑扎	绑扎	绑扎	绑扎	9000	9000
19	□ 冷轧扭钢筋											
20	6.5~10	绑扎	绑扎	绑扎	绑扎	绑扎	绑扎	绑扎	绑扎	绑扎	12000	12000
21	12~14	绑扎	绑扎	绑扎	绑扎	绑扎	绑扎	绑扎	绑扎	绑扎	9000	9000

☐ 单 (双) 面焊统计搭接长度

导入规则　导出规则　恢复默认值

图 3.1.12

点击"钢筋设置"面板中的"比重设置",进入界面后点击"普通钢筋",根据实际情况可以修改各种不同直径钢筋的比重,比如通常需要把直径为 6 mm 的钢筋比重改为"0.26",其他直径的钢筋比重一般不需要修改,如图 3.1.13 所示。

图 3.1.13

点击"钢筋设置"面板中的"弯钩设置",进入界面后将"箍筋弯钩平直段按照"勾选为"图元抗震考虑",如图 3.1.14 所示。

钢筋级别	箍筋					直筋		
	弯弧段长度(d)			平直段长度(d)		弯弧段长度(d)	平直段长度(d)	
	箍筋180°	箍筋90°	箍筋135°	抗震	非抗震	直筋180°	抗震	非抗震
1 HPB235,HPB300 (D=2.5d)	3.25	0.5	1.9	10	5	3.25	3	3
2 HRB335,HRB335E,HRBF335,HRBF335E (D=4d)	4.86	0.93	2.89	10	5	4.86	3	3
3 HRB400,HRB400E,HRBF400,HRBF400E,RRB400 (D=4d)	4.86	0.93	2.89	10	5	4.86	3	3
4 HRB500,HRB500E,HRBF500,HRBF500E (D=6d)	7	1.5	4.25	10	5	7	3	3

箍筋弯钩平直段按照:
◉ 图元抗震考虑
○ 工程抗震考虑

提示信息: 1. 钢筋弯弧内直径D取值及平直段长度取值依据平法图集22G101-1第2-2页相关规定;弯钩弯弧段长度参考依据:《钢筋工手册 第三版》第253~258页公式推导。
　　表格内数据为理论计算值,可根据工程实际情况调整。
　　2. 选择图元抗震按图元属性中的抗震等级计算,选择工程抗震按工程信息设置的抗震等级计算。

全部导入　全部导出　恢复默认值

图 3.1.14

3.1.3　识别轴网

　　点击"建模"选项卡进入建模界面,当前楼层为"首层"。左键选择"导航栏"列表中的"轴网",点击"图纸管理"面板中的"分割",选择"自动分割","1 号办公楼结构图"将按照每一幅图纸的名称进行自动分割,分割后图纸可以根据实际需要修改"对应楼层",如图 3.1.15 所示。

图 3.1.15

　　鼠标左键双击"图纸管理"列表中的"柱墙结构平面图",此时右侧建模窗口中将只显示"柱墙结构平面图"。

　　在首层建模状态下,点击"识别轴网"面板的"识别轴网",此时建模窗口的左上角显示识别轴网的操作选项面板,如图 3.1.16 所示。

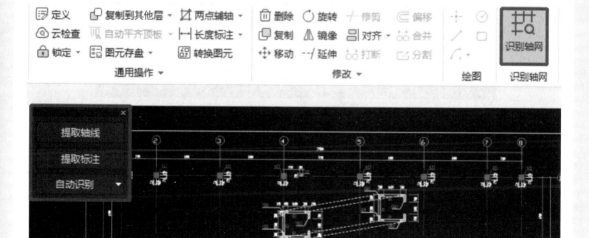

图 3.1.16

　　点击操作选项面板中的"提取轴线"命令,此时建模窗口顶上显示选择识别构件的三种方式,可以根据实际需要使用不同的选择方式,通常使用"按图层选择",如图 3.1.17 所示。鼠标左键在建模窗口点击"柱墙结构平面图"中的任意一根轴线,将选中同一图层的全部轴线,单击鼠标右键确认,完成轴线提取。

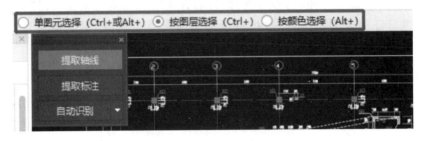

图 3.1.17

点击操作选项面板中的"提取标注"命令,鼠标左键在建模窗口点击"柱墙结构平面图"中任一轴网标注,将选中同一图层的全部标注,左键再点击任一轴号,将选中同一图层的全部轴号,单击鼠标右键确认,完成标注提取。在"图层管理"面板中勾选"已提取的 CAD 图层",取消勾选"CAD 原始图层",核查建模窗口显示的已提取 CAD 图轴网信息,确认无误后点击操作选项面板中的"自动识别"命令,完成轴网识别,如图 3.1.18 所示,红框处显示横向轴线左侧没有与①轴相交,还需要进一步修改。

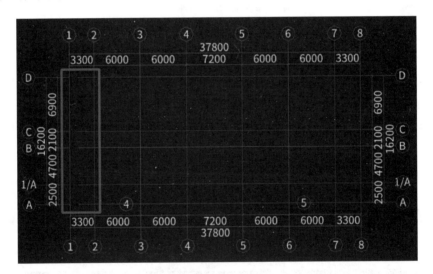

图 3.1.18

鼠标左键点击"修改"面板中的"延伸",根据建模窗口底下的"操作提示信息",如图 3.1.19所示。左键点选①轴作为延伸边界,左键分别点击需要延伸的 A、1/A、B、C、D 轴线,单击右键确认,完成轴线延伸,如图 3.1.20 所示。

图 3.1.19

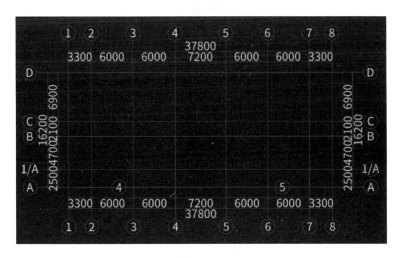

图 3.1.20

任务 2　识别柱建模算量

知识目标

(1)掌握应用广联达 GTJ2021 软件进行识别柱建模算量的操作流程及方法；

(2)掌握工程造价数字化应用职业技能等级证书考试中的识别柱建模算量相关知识；

(3)掌握识别柱建模算量的软件操作技巧。

能力目标

(1)能熟练应用广联达 GTJ2021 软件进行识别柱建模算量；

(2)能应用三维视图、云检查、云指标以及云对比等方法进行柱工程量核查纠错；

(3)能独立完成工程造价数字化职业应用技能等级证书考试中的识别柱建模算量相关题目。

思政素质目标

(1)激发学习主观能动性；

(2)发扬善于钻研、精益求精的学习精神；

(3)培养敢于挑战、有责任担当的职业素养。

操作流程

3.2.1　识别柱表

在首层建模状态下，左键点击"导航栏"下拉列表中的"柱"，在"图纸管理"列表中左键双击打开"柱墙结构平面图"，此处无须定位图纸。点击"识别柱"面板中的"识别柱表"，参考建模窗口底下的"操作提示信息"，左键框选柱表，如图 3.2.1 所示。点击右键确认，弹出"识别柱表"窗口，根据图纸删除"识别柱表"中多余信息，如图 3.2.2 所示。点击"识别"，完成柱表识别。

在柱建模状态下，切换各楼层查看"构件列表"，可以看到识别好的框架柱，比如首层识别好的框架柱如图 3.2.3 所示，其他楼层图略。选择"构件列表"中识别到的框架柱对照图纸柱表核查"属性列表"的各项属性值，确认无误后方可进行识别柱建模。

图 3.2.1

识别柱表

撤消 恢复 查找替换 删除行 删除列 插入行 插入列 复制行

柱号	标高	b*h(圆柱直径D)	角筋	b边一侧中部筋	h边一侧中部筋	肢数	箍筋
KZ1	基础顶~3.850	500*500	4C22	3C18	3C18	1(4*4)	C8@100
	3.850~14.400	500*500	4C22	3C16	3C16	1(4*4)	C8@100
KZ2	基础顶~3.850	500*500	4C22	3C18	3C18	1(4*4)	C8@100/200
	3.850~14.400	500*500	4C22	3C16	3C16	1(4*4)	C8@100/200
KZ3	基础顶~3.850	500*500	4C25	3C18	3C18	1(4*4)	C8@100/200
	3.850~14.400	500*500	4C22	3C18	3C18	1(4*4)	C8@100/200
KZ4	基础顶~3.850	500*500	4C25	3C20	3C20	1(4*4)	C8@100/200
	3.850~14.400	500*500	4C25	3C18	3C18	1(4*4)	C8@100/200
KZ5	基础顶~3.850	600*500	4C25	4C20	3C20	1(5*4)	C8@100/200
	3.850~14.400	600*500	4C25	4C18	3C18	1(5*4)	C8@100/200
KZ6	基础顶~3.850	500*600	4C25	3C20	4C20	1(4*5)	C8@100/200
	3.850~14.400	500*600	4C25	3C18	4C18	1(4*5)	C8@100/200

提示:请在第一行的空白行中单击鼠标从下拉框中选择对应列关系

识别 取消

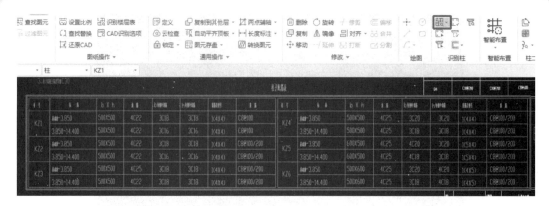

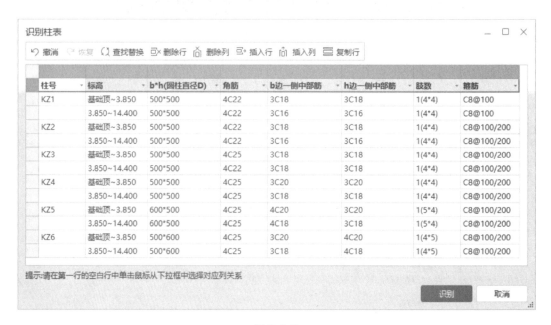

图 3.2.2

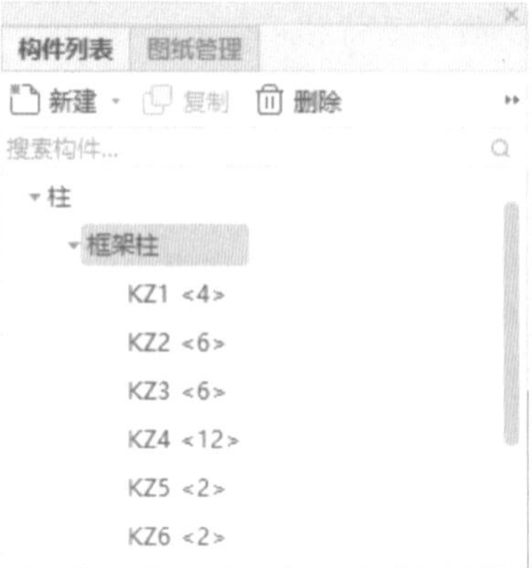

图 3.2.3

3.2.2　识别柱

在首层柱建模状态下,点击"识别柱"面板中的"识别柱",此时建模窗口的左上角显示识别柱的操作选项面板,如图 3.2.4 所示。

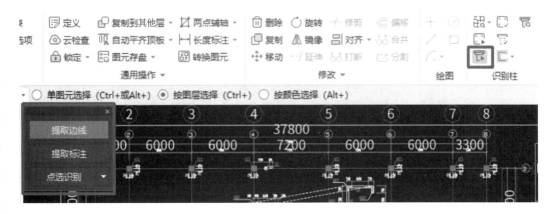

图 3.2.4

点击识别柱的操作选项面板中的"提取边线",默认应用"按图层选择"选取柱边线,左键在建模窗口点击任一柱边线,将选中同一图层的全部柱边线,注意③轴~⑥轴交 A 轴~1/A 轴的 KZ5 和 KZ6 边线与其他柱边线不是同一图层,需要再次点击左键才能选中,如图 3.2.5 所示。单击鼠标右键确认,完成柱边线提取。

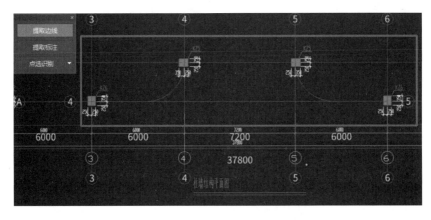

图 3.2.5

点击识别柱的操作选项面板中的"提取标注",应用"按图层选择"选取柱标注,左键在建模窗口点击任一柱标注,将选中同一图层的全部柱标注,单击鼠标右键确认,完成柱标注提取。在"图层管理"面板中勾选"已提取的 CAD 图层",取消勾选"CAD 原始图层",核查建模窗口显示的已提取 CAD 图柱信息。点击"图纸操作"面板中的"还原 CAD",鼠标左键点选或框选建模窗口显示已提取多余的 CAD 图柱信息,如图 3.2.6 所示。点击右键确认,完成CAD 还原操作。

点击识别柱的操作选项面板中的"点选识别"右侧小三角形,在下拉列表中选择"自动识别",如图 3.2.7 所示。完成识别柱操作,弹出"识别柱"提示窗口,如图 3.2.8 所示。

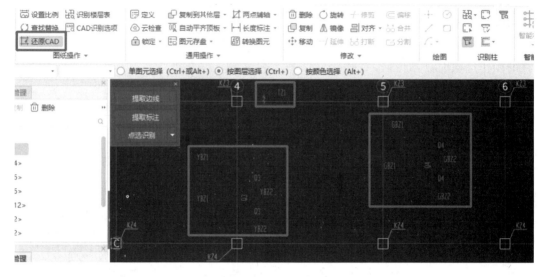

图 3.2.6

图 3.2.7

图 3.2.8

在首层建模状态下，在"图层管理"面板中取消勾选"已提取的 CAD 图层"和"CAD 原始图层"。点击建模窗口右侧悬浮栏的"动态观察"，按住鼠标左键并在窗口中移动，即可观看到首层框架柱的三维效果图，如图 3.2.9 所示。其他楼层框架柱的识别建模操作方法同首层。

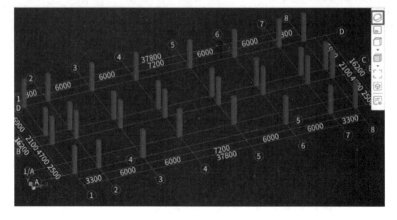

图 3.2.9

3.2.3 柱构件做法

进入首层柱定义界面，套取柱构件的工程量清单做法，如图 3.2.10 所示。应用“做法刷”将 KZ1 的构件做法快速复制到首层及其他楼层的框架柱。

	编码	类别	名称	项目特征	单位	工程量表达式	表达式说明	单价
1	010502001	项	矩形柱	1.混凝土种类:预拌 2.混凝土强度等级:C30	m³	TJ	TJ<体积>	
2	011702002	项	矩形柱	1.支撑高度:3.9m	m²	MBMJ	MBMJ<模板面积>	

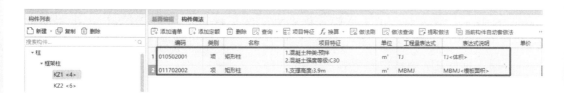

图 3.2.10

3.2.4 柱工程量计算

(1)汇总计算。

在键盘上按下快捷键 F9，在弹出的“汇总计算”窗口中勾选首层柱进行汇总计算。

(2)查看工程量。

在首层“工程量”选项卡状态下，选择“导航栏”列表中的“柱”，框选全部柱图元，点击“土建计算结果”面板中的“查看工程量”按钮，在弹出的“查看构件图元工程量”窗口中选择查看“做法工程量”，如图 3.2.11 所示。

查看构件图元工程量

构件工程量　做法工程量

	编码	项目名称	单位	工程量
1	010502001	矩形柱	m³	31.98
2	011702002	矩形柱	m²	252.72

图 3.2.11

在首层“工程量”选项卡状态下，选择“导航栏”列表中的“柱”，框选全部柱图元，点击“钢筋计算结果”面板中的“查看钢筋量”按钮，在弹出的“查看钢筋量”窗口中即可看到首层框架柱的钢筋工程量，如图 3.2.12 所示。

查看钢筋量

导出到Excel　显示施工段归类

钢筋总重量（kg）：8286.892

	楼层名称	构件名称	钢筋总重量（kg）	HRB400 8	HRB400 18	HRB400 20	HRB400 22	HRB400 25	HRB400 合计
1	首层	KZ1[312]	249.732	79.72	112.176		57.836		249.732
2		KZ1[319]	249.732	79.72	112.176		57.836		249.732
3		KZ1[338]	249.732	79.72	112.176		57.836		249.732
4		KZ1[343]	249.732	79.72	112.176		57.836		249.732
5		KZ2[320]	223.823	53.811	112.176		57.836		223.823
6		KZ2[327]	223.823	53.811	112.176		57.836		223.823
7		KZ2[328]	223.823	53.811	112.176		57.836		223.823
8		KZ2[335]	223.823	53.811	112.176		57.836		223.823
9		KZ2[339]	223.823	53.811	112.176		57.836		223.823
10		KZ2[342]	223.823	53.811	112.176		57.836		223.823
11		KZ3[313]	242.809	53.865	112.176			76.768	242.809
12		KZ3[314]	242.809	53.865	112.176			76.768	242.809
13		KZ3[315]	242.809	53.865	112.176			76.768	242.809
14		KZ3[316]	242.809	53.865	112.176			76.768	242.809
15		KZ3[317]	242.809	53.865	112.176			76.768	242.809
16		KZ3[318]	242.809	53.865	112.176			76.768	242.809
17		KZ4[321]	271.813	53.865		141.18		76.768	271.813
18		KZ4[322]	271.813	53.865		141.18		76.768	271.813
19		KZ4[323]	271.813	53.865		141.18		76.768	271.813
20		KZ4[324]	271.813	53.865		141.18		76.768	271.813
21		KZ4[325]	271.813	53.865		141.18		76.768	271.813
22		KZ4[326]	271.813	53.865		141.18		76.768	271.813
23		KZ4[329]	271.813	53.865		141.18		76.768	271.813
24		KZ4[330]	271.813	53.865		141.18		76.768	271.813
25		KZ4[331]	271.813	53.865		141.18		76.768	271.813
26		KZ4[332]	271.813	53.865		141.18		76.768	271.813
27		KZ4[333]	271.813	53.865		141.18		76.768	271.813
28		KZ4[334]	271.813	53.865		141.18		76.768	271.813
29		KZ5[336]	306.604	65.124		164.71		76.77	306.604
30		KZ5[337]	306.604	65.124		164.71		76.77	306.604
31		KZ6[340]	306.604	65.124		164.71		76.77	306.604
32		KZ6[341]	306.604	65.124		164.71		76.77	306.604
33		合计：	8286.892	1871.812	1794.816	2353	578.36	1688.904	8286.892

图 3.2.12

任务3　识别剪力墙建模算量

知识目标

(1)掌握应用广联达 GTJ2021 软件进行识别剪力墙建模算量的操作流程及方法;

(2)掌握工程造价数字化应用职业技能等级证书考试中的识别剪力墙建模算量相关知识;

(3)掌握识别剪力墙建模算量的软件操作技巧。

能力目标

(1)能熟练应用广联达 GTJ2021 软件进行识别剪力墙建模算量;

(2)能应用三维视图、云检查、云指标以及云对比等方法进行剪力墙工程量核查纠错;

(3)能独立完成工程造价数字化应用职业技能等级证书考试中的剪力墙建模算量相关题目。

思政素质目标

(1)激发有责任担当、甘愿做奉献的爱国情怀;

(2)发扬认真细致、精益求精的学习精神;

(3)培养吃苦耐劳、踏实肯干的职业素养。

操作流程

3.3.1　识别暗柱

根据"柱墙结构平面图"可知,标高"基础顶～11.050"的电梯井剪力墙转角处设置有 4 个约束边缘柱(YBZ1、YBZ2),如图 3.3.1 所示;标高"11.050～15.900"的电梯井剪力墙转角处设置有 4 个构造边缘柱(GBZ1、GBZ2),如图 3.3.2 所示。约束边缘柱和构造边缘柱均属于暗柱,混凝土及模板工程量应并入与其相连的剪力墙内。

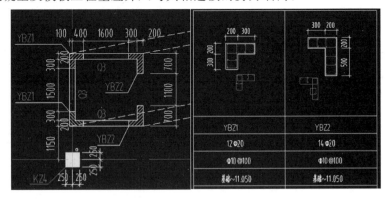

图 3.3.1

在首层建模状态下,左键点击"导航栏"下拉列表中的"柱",在"图纸管理"列表中左键双击打开"柱墙结构平面图",此处无须定位图纸。点击"识别柱"面板中的"识别柱大样",此时建模窗口的左上角显示识别柱大样的操作选项面板,如图 3.3.3 所示。

点击识别柱大样的操作选项面板中的"提取边线",默认应用"按图层选择"选取柱大样边线,左键在建模窗口点击 YBZ1 的任意边线,将选中同一图层的全部柱大样边线,如图 3.3.4所示。单击鼠标右键确认,完成柱大样边线提取。

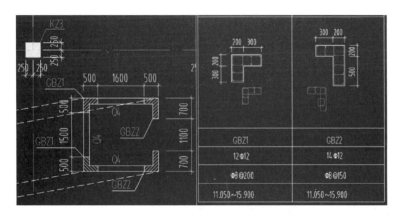

图 3.3.2

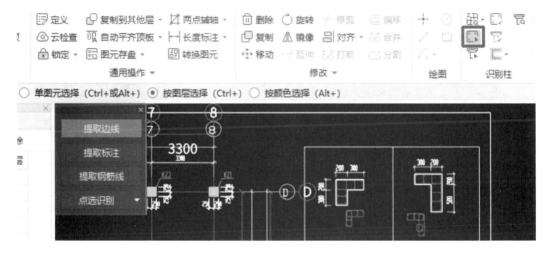

图 3.3.3

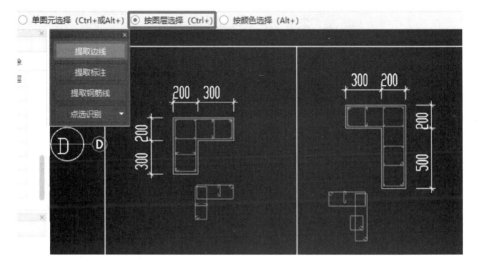

图 3.3.4

点击识别柱大样的操作选项面板中的"提取标注",应用"按图层选择"选取柱大样标注,左键在建模窗口分别点击柱大样的名称、钢筋信息等标注,将选中同一图层的全部柱大样标注,如图 3.3.5 所示。单击鼠标右键确认,完成柱大样标注提取。

点击识别柱大样的操作选项面板中的"提取钢筋线",应用"按图层选择"选取柱大样钢筋线,左键在建模窗口点击柱大样任意钢筋线,将选中同一图层的全部柱大样钢筋线,单击鼠标右键确认,完成柱大样标注提取。在"图层管理"面板中勾选"已提取的 CAD 图层",取消勾选"CAD 原始图层",核查建模窗口显示的已提取 CAD 图柱大样。点击"图纸操作"面板中的"还原 CAD",鼠标左键点选或框选建模窗口显示已提取多余的 CAD 图柱大样,点击右键确认,完成 CAD 还原操作,识别柱大样信息如图 3.3.6 所示。

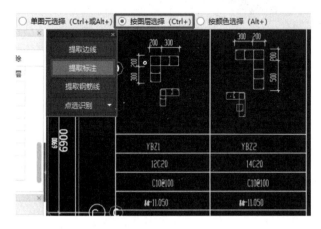

图 3.3.5

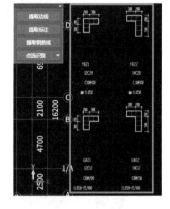

图 3.3.6

点击识别柱大样的操作选项面板中的"点选识别"右侧小三角形,在下拉列表中选择"自动识别",弹出"识别柱大样"提示窗口,如图 3.3.7 所示。点击"确定",弹出"校核柱大样"窗口,如图 3.3.8 所示。点击"确定",完成识别柱大样操作。

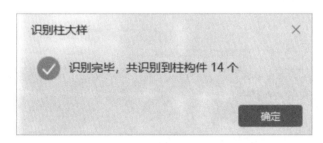

图 3.3.7

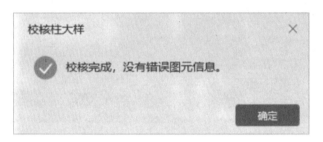

图 3.3.8

在柱建模状态下,切换各楼层查看"构件列表",可以看到识别好的暗柱,比如首层识别好的暗柱如图 3.3.9 所示,其他楼层图略。选择"构件列表"中识别到的暗柱对照图纸柱大样核查"属性列表"的各项属性值,确认无误后方可进行暗柱建模。

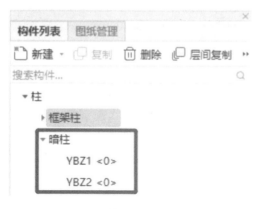

图 3.3.9

3.3.2 绘制暗柱

由于"柱墙结构平面图"中暗柱 YBZ1、YBZ2 和剪力墙 Q3 的 CAD 图元共用边线,不方便使用识别建模,故在此使用手工绘制建模。在首层柱建模状态下,在"图层管理"面板中勾选"CAD 原始图层",利用 YBZ1 和 YBZ2 的 CAD 图边线定位来绘制图元。在"构件列表"中选中 YBZ1,点击"绘图"面板中的"点"画法,先绘制左上方的 YBZ1,键盘上按 F4 键(手提电脑同时按下 Fn+F4 键),改变 YBZ1 的插入点为左下角顶点(也可以是其他顶点),如图 3.3.10所示。鼠标左键点击 CAD 图的 YBZ1 左下角顶点,点击右键完成 YBZ1 绘制,应用相同的操作方法完成右上方 YBZ2 的绘制。

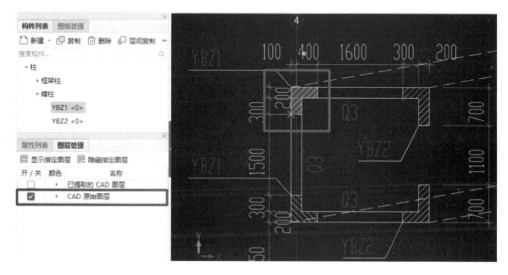

图 3.3.10

点击"修改"面板中的"镜像"命令,参考"操作提示信息",左键框选已绘制好的 YBZ1 和 YBZ2,点击右键确认,左键分别点击 CAD 图左边 Q3 剪力墙两条边线的中点绘制镜像轴,如图 3.3.11 所示。在弹出的"提示"窗口中选择"否",即完成了 YBZ1 和 YBZ2 的镜像操作。其他楼层识别暗柱建模方法相同,此处略。

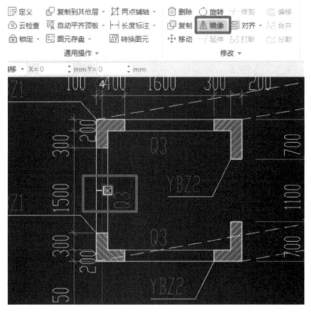

图 3.3.11

3.3.3 暗柱构件做法

进入首层柱定义界面,套取暗柱构件的工程量清单做法,如图 3.3.12 所示。应用"做法刷"将 YBZ1 的构件做法快速复制到首层及其他楼层的暗柱。

图 3.3.12

3.3.4 识别剪力墙表

在首层建模状态下,左键点击"导航栏"下拉列表中的"剪力墙",在"图纸管理"列表中左键双击打开"柱墙结构平面图",此处无须定位图纸。点击"识别剪力墙"面板中的"识别剪力墙表",参考"操作提示信息",左键框选剪力墙表,如图 3.3.13 所示。点击右键确认,弹出"识别剪力墙表"窗口,根据图纸删除"识别剪力墙表"中多余信息,如图 3.3.14 所示。点击"识别",完成剪力墙表识别。

在剪力墙建模状态下,切换各楼层查看"构件列表",可以看到识别好的剪力墙,比如首层识别好的剪力墙如图 3.3.15 所示,其他楼层图略。选择"构件列表"中识别到的剪力墙对照图纸核查"属性列表"的各项属性值,确认无误后方可进行剪力墙建模。

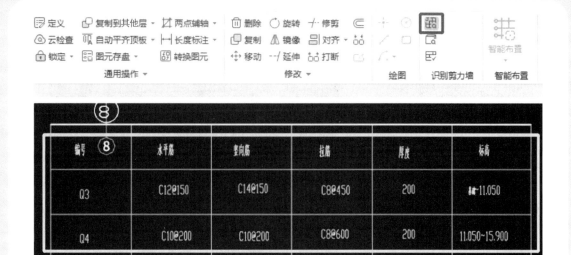

图 3.3.13

图 3.3.14

图 3.3.15

3.3.5　识别剪力墙

在首层剪力墙建模状态下,点击"识别剪力墙"面板中的"识别剪力墙",此时建模窗口的左上角显示识别剪力墙的操作选项面板,点击"提取剪力墙边线",应用"单图元选择"选取剪力墙边线,点击右键确认,完成剪力墙边线提取操作。在"图层管理"面板中勾选"已提取的 CAD 图层",取消勾选"CAD 原始图层",建模窗口显示已提取的剪力墙边线,如图 3.3.16 所示。

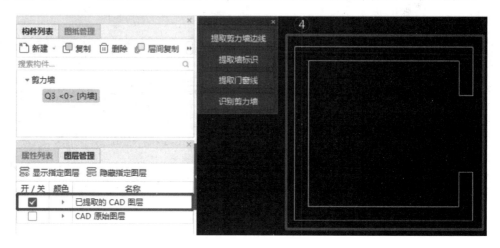

图 3.3.16

　　在识别剪力墙的操作选项面板中点击"提取墙标识",应用"单图元选择"选取剪力墙标识"Q3",点击右键确认,完成剪力墙边线提取操作。点击"识别剪力墙",弹出"识别剪力墙"窗口,如图 3.3.17 所示。核查剪力墙无误后点击"自动识别",在弹出的"识别剪力墙"窗口中选择"是",完成识别剪力墙建模,如图 3.3.18 所示。其他楼层识别剪力墙建模方法相同,此处略。

图 3.3.17

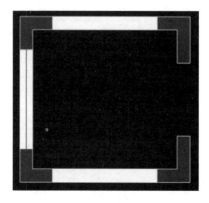

图 3.3.18

3.3.6　剪力墙构件做法

进入首层剪力墙定义界面,套取剪力墙构件的工程量清单做法,如图 3.3.19 所示。应用"做法刷"将 Q3 的构件做法快速复制到首层及其他楼层的剪力墙。

	编码	类别	名称	项目特征	单位	工程量表达式	表达式说明	单价
1	010504001	项	直形墙	1.混凝土种类:预拌 2.混凝土强度等级:C30	m³	TJ	TJ<体积>	
2	011702011	项	直形墙	1.支撑高度:3.9m	m²	MBMJ	MBMJ<模板面积>	

图 3.3.19

3.3.7　剪力墙工程量计算

(1)汇总计算。

在键盘上按下快捷键 F9,在弹出的"汇总计算"窗口中勾选首层柱和剪力墙进行汇总计算。

(2)查看工程量。

在首层"工程量"选项卡状态下,选择"导航栏"列表中的"剪力墙",框选全部剪力墙图元(不必再选择暗柱),点击"土建计算结果"面板中"查看工程量"按钮,在弹出的"查看构件图元工程量"窗口中选择查看"做法工程量",如图 3.3.20 所示。

查看构件图元工程量

构件工程量　做法工程量

	编码	项目名称	单位	工程量
1	010504001	直形墙	m³	6.4777
2	011702011	直形墙	m²	64.888

图 3.3.20

在首层"工程量"选项卡状态下,点击"选择"面板中的"批量选择",框选全部暗柱和剪力墙图元,点击"钢筋计算结果"面板中的"查看钢筋量"按钮,在弹出的"查看钢筋量"窗口中即可看到首层暗柱和剪力墙的钢筋工程量,如图 3.3.21 所示。

查看钢筋量

导出到Excel　□显示施工段归类

钢筋总重量(kg):1764.525

	楼层名称	构件名称	钢筋总重量(kg)	HRB400					
				8	10	12	14	20	合计
1	首层	YBZ1[3485]	236.628		90.972			145.656	236.628
2		YBZ1[3490]	236.628		90.972			145.656	236.628
3		YBZ2[3489]	283.962		114.03			169.932	283.962
4		YBZ2[3491]	279.974		108.6			171.374	279.974
5		Q3[3497]							
6		Q3[3500]	249.854	4.158		139.722	105.974		249.854
7		Q3[3503]	234.641	3.96		133.661	97.02		234.641
8		Q3[3504]	242.838	3.168		132.948	106.722		242.838
9		Q3[3505]							
10		合计:	1764.525	11.286	404.574	406.331	309.716	632.618	1764.525

图 3.3.21

任务4 识别梁建模算量

知识目标

（1）掌握应用广联达 GTJ2021 软件进行识别梁建模算量的操作流程及方法；

（2）掌握工程造价数字化应用职业技能等级证书考试中的识别梁建模算量相关知识；

（3）掌握识别梁建模算量的软件操作技巧。

能力目标

（1）能熟练应用广联达 GTJ2021 软件进行识别梁建模算量；

（2）能应用三维视图、云检查、云指标以及云对比等方法进行梁工程量核查纠错；

（3）能独立完成工程造价数字化应用职业技能等级证书考试中的识别梁建模算量相关题目。

思政素质目标

（1）树立维护国家和社会公共利益的意识；

（2）培养善于迎难而上积极解决问题的学习精神；

（3）培养敢于质疑专业问题的职业素养。

操作流程

3.4.1 识别梁

在首层建模状态下，左键点击"导航栏"下拉列表中的"梁"，在"图纸管理"列表中左键双击"一三层顶梁配筋图"打开，此时在建模窗口显示的 CAD 图轴网与 GTJ 工程轴网不重合，需要定位图纸。鼠标左键点击"图纸管理"面板中的"定位"，参考"操作提示信息"，左键点击 CAD 图的①轴与 A 轴交点确定基准点，再左键点击 GTJ 工程的①轴与 A 轴交点确定定位点，图纸定位完成，如图 3.4.1 所示。

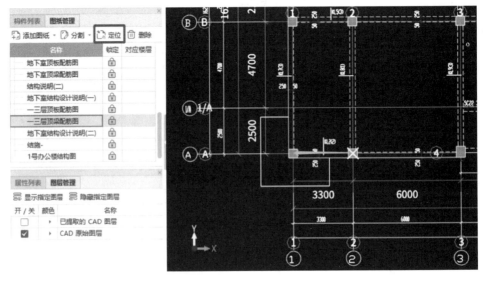

图 3.4.1

在首层梁建模状态下，点击"识别梁"面板中的"识别梁"，此时建模窗口的左上角显示识别梁的操作选项面板，如图 3.4.2 所示。

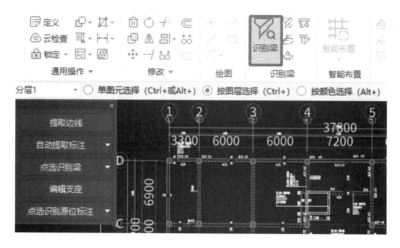

图 3.4.2

　　点击识别梁的操作选项面板中的"提取边线",默认应用"按图层选择"选取梁边线,左键在建模窗口点击任一梁边线,将选中同一图层的全部梁边线,注意电梯井剪力墙连梁(LL1)的边线不是同一图层,需要切换选择方式为"单图元选择",左键点击选中 LL1 的边线,如图 3.4.3 所示。单击鼠标右键确认,完成梁边线提取。

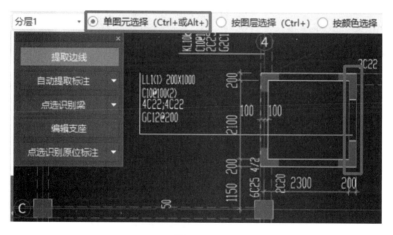

图 3.4.3

　　点击识别梁操作选项面板中的"自动提取标注",应用"按图层选择"选取梁标注,左键在建模窗口点击任一梁标注,将选中同一图层的全部梁标注,注意电梯井剪力墙连梁(LL1)的标注线不是同一图层,需要切换选择方式为"单图元选择",左键点击选中 LL1 的标注线,如图 3.4.4 所示。单击鼠标右键确认,完成梁标注提取。

　　在"图层管理"面板中勾选"已提取的 CAD 图层",取消勾选"CAD 原始图层",核查建模窗口显示的已提取 CAD 图梁边线及标注,如图 3.4.5 所示。确认无误后方可以进行识别梁操作。

　　点击识别梁的操作选项面板中的"点选识别梁"右侧小三角形,在下拉列表中选择"自动识别梁",如图 3.4.6 所示。完成识别梁操作,弹出"识别梁选项"窗口,如图 3.4.7 所示。检查并确认得到的梁信息,确认无误后点击"继续",弹出"校核梁图元"窗口,如图 3.4.8 所示。

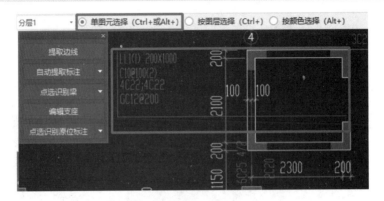

图 3.4.4

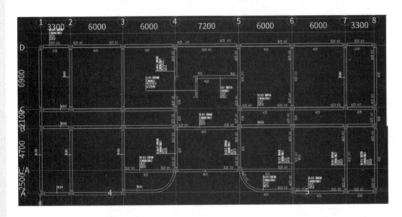

图 3.4.5

图 3.4.6

	名称	截面(b*h)	上通长筋	下通长筋	侧面钢筋	箍筋	肢数
1	KL1(1)	250*500	2C25		N2C16	C10@100/200(2)	2
2	KL2(2)	300*500	2C25		G2C12	C10@100/200(2)	2
3	KL3(3)	250*500	2C22		G2C12	C10@100/200(2)	2
4	KL4(1)	300*600	2C22		G2C12	C10@100/200(2)	2
5	KL5(3)	300*500	2C25		G2C12	C10@100/200(2)	2
6	KL6(7)	300*500	2C25		G2C12	C10@100/200(2)	2
7	KL7(3)	300*500	2C25		G2C12	C10@100/200(2)	2
8	KL8(1)	300*600	2C25		G2C12	C10@100/200(2)	2
9	KL9(3)	300*600	2C25		G2C12	C10@100/200(2)	2
10	KL10(3)	300*600	2C25		G2C12	C10@100/200(2)	2
11	KL10a(3)	300*600	2C25		G2C12	C10@100/200(2)	2
12	KL10b(1)	300*600	2C25	2C25	G2C12	C10@100/200(2)	2
13	L1(1)	300*550	2C22		G2C12	C8@200(2)	2
14	LL1(1)	200*1000	4C22	4C22	GC12@200	C10@100(2)	2

请检查并确认得到的梁信息

图 3.4.7

图 3.4.8

根据"一三层顶梁配筋图"可知,图中④轴以左的 KL2、KL5 和 KL7 梁只标注了名称,并没有梁截面以及配筋信息,其梁截面以及配筋信息应该与⑤轴以右的同名称梁一样,故"校核梁图元"窗口中显示"问题描述"是正确的,无须处理,直接关闭该窗口即可完成梁识别操作,此时识别到的梁是粉色的,表示还缺少梁原位标注,如图 3.4.9 所示。注意当梁显示为粉色时,不能进行汇总计算,否则梁的钢筋工程量会出错。

在首层梁建模状态下,查看"构件列表",识别到的梁如图 3.4.10 所示。

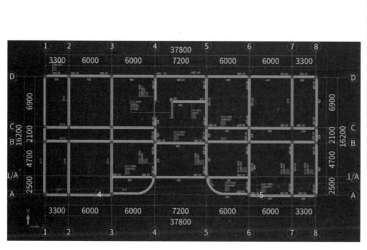

图 3.4.9

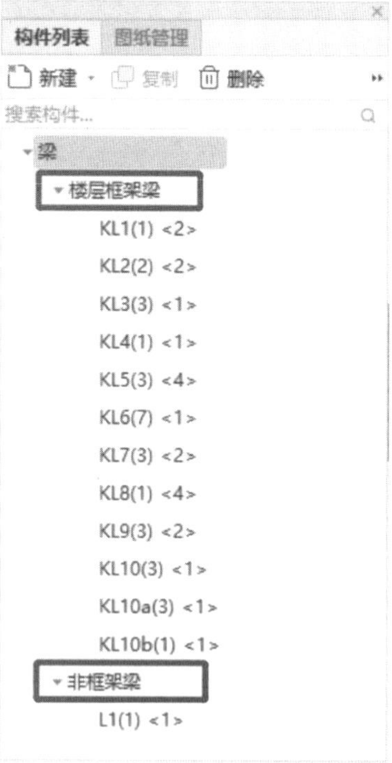

图 3.4.10

点击识别梁的操作选项面板中的"点选识别原位标注"右侧小三角形,在下拉列表中选择"自动识别原位标注",如图 3.4.11 所示。注意此时识别到的梁是绿色的,表示梁识别完成,如图 3.4.12 所示。其他楼层识别梁操作方法相同,此处略。

图 3.4.11

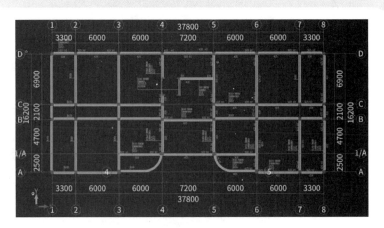

图 3.4.12

3.4.2　梁核查纠错

（1）调换梁起始跨。

在首层梁建模状态下，左键点击选择④轴左边的梁 KL5 和 KL7，核查识别到的梁钢筋，如图 3.4.13 所示。对照"一三层顶梁配筋图"梁 KL5 和 KL7 的配筋信息，不难发现识别到的梁 KL5 和 KL7 起始跨对调了，导致相应的梁跨信息也对调了，需要修改。

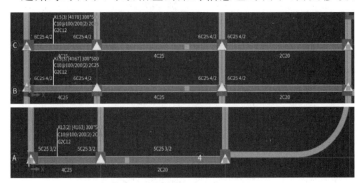

图 3.4.13

在首层梁建模状态下，点击"梁二次编辑"面板中的"原位标注"列表下的"平法表格"命令，建模窗口下方弹出"梁平法表格"，左键分别点击选择需要修改起始跨的梁 KL5 和 KL7，再点击"梁平法表格"中的"调换起始跨"选项，梁 KL5 和 KL7 的起始跨就会左右调换过来，改正对应梁跨的配筋信息，如图 3.4.14 所示。其他楼层梁核查纠错操作方法相同，此处略。

（2）生成次梁加筋。

根据"一三层顶梁配筋图"左下角的文字说明第 4 项，可知主次梁交接处次梁两侧的主梁内各设置了 3 根箍筋，箍筋间距 50 mm，配筋同主梁箍筋。

在首层梁建模状态下，点击"梁二次编辑"面板中的"生成吊筋"，弹出"生成吊筋"窗口，在钢筋信息栏"次梁加筋"编辑框内输入"6C10"，在楼层选择列表中勾选"首层（当前楼层）"，如图 3.4.15 所示。

点击确定，弹出"生成吊筋"提示窗口，如图 3.4.16 所示。点击"关闭"，建模窗口显示主次梁交接处相应位置生成了次梁加筋，如图 3.4.17 所示。

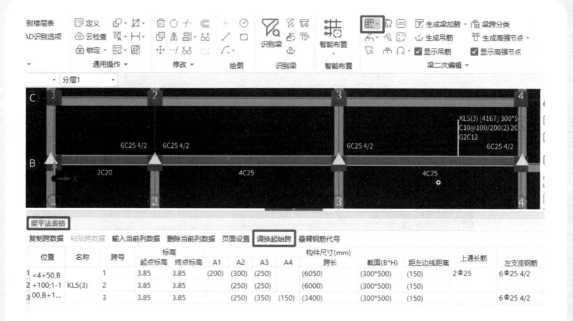

图 3.4.14

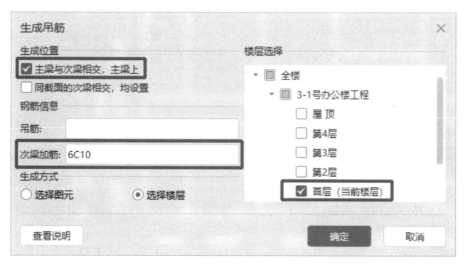

图 3.4.15

图 3.4.16

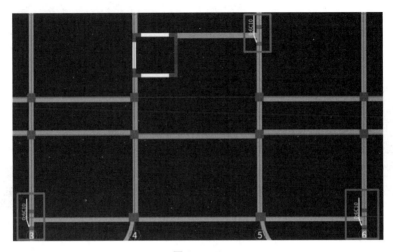

图 3.4.17

3.4.3 梁构件做法

进入首层梁定义界面,套取梁构件的工程量清单做法,如图 3.4.18 所示。应用"做法刷"将 KL1 的构件做法快速复制到首层及其他楼层的框架梁及连梁。

图 3.4.18

3.4.4 梁工程量计算

(1)汇总计算。

在键盘上按下快捷键 F9,在弹出的"汇总计算"窗口中勾选首层柱、墙、梁进行汇总计算。

(2)查看工程量。

在首层"工程量"选项卡状态下,选择"导航栏"列表中的"梁",框选全部梁图元,点击"土建计算结果"面板中的"查看工程量"按钮,在弹出的"查看构件图元工程量"窗口中选择查看"做法工程量",如图 3.4.19 所示。

查看构件图元工程量

构件工程量	做法工程量		

	编码	项目名称	单位	工程量
1	010505001	有梁板	m³	40.0908
2	011702006	矩形梁	m²	348.0554

图 3.4.19

在首层"工程量"选项卡状态下,选择"导航栏"列表中的"梁",点选连梁图元,点击"土建计算结果"面板中的"查看工程量"按钮,在弹出的"查看构件图元工程量"窗口中选择查看"做法工程量",如图 3.4.20 所示。

查看构件图元工程量

| 构件工程量 | 做法工程量 |

	编码	项目名称	单位	工程量
1	010504001	直形墙	m³	0.2202
2	011702011	直形墙	m²	2.4226

图 3.4.20

在首层"工程量"选项卡状态下,选择"导航栏"列表中的"梁",框选全部梁图元,点击"钢筋计算结果"面板中的"查看钢筋量"按钮,在弹出的"查看钢筋量"窗口即可看到首层梁的钢筋工程量,如图 3.4.21 所示。

查看钢筋量

[> 导出到Excel □ 显示施工段归类

钢筋总重量(kg):12409.123

	楼层名称	构件名称	钢筋总重量(kg)	HPB300		HRB400								
				6	合计	8	10	12	14	16	20	22	25	合计
1	首层	KL1(1)[4156]	348.294	1.8	1.8		39.816			25.612			281.066	346.494
2		KL1(1)[4159]	348.294	1.8	1.8		39.816			25.612			281.066	346.494
3		KL10(3)[4160]	646.01	3.842	3.842		100.837	24.402			15.216		501.713	642.168
4		KL10a(3)[4161]	345.521	2.26	2.26		63.448	14.314			26.974		238.525	343.261
5		KL10b(1)[4162]	134.086	1.017	1.017		28.325	5.968					98.776	133.069
6		KL2(2)[4163]	388.232	2.599	2.599		57.513	16.588			21.134		290.398	385.633
7		KL2(2)[4164]	388.232	2.599	2.599		57.513	16.588			21.134		290.398	385.633
8		KL3(3)[4165]	632.22	4.8	4.8		99.54	34.846				351.654	141.38	627.42
9		KL4(3)[4166]	292.312	2.034	2.034		49.852	12.538				95.972	131.916	290.278
10		KL5(3)[4167]	657.616	4.294	4.294		92.828	27.244			21.134		512.116	653.322
11		KL5(3)[4168]	657.616	4.294	4.294		92.828	27.244			21.134		512.116	653.322
12		KL5(3)[4169]	657.616	4.294	4.294		92.828	27.244			21.134		512.116	653.322
13		KL5(3)[4170]	657.616	4.294	4.294		92.828	27.244			21.134		512.116	653.322
14		KL6(7)[4171]	1644.008	10.622	10.622		227.025	68.162			42.268		1295.931	1633.386
15		KL7(3)[4172]	665.931	4.52	4.52		97.873	28.842			15.216	193.768	325.712	661.411
16		KL7(3)[4173]	665.931	4.52	4.52		97.873	28.842			15.216	193.768	325.712	661.411
17		KL8(1)[4174]	382.195	2.034	2.034		49.852	12.538					317.771	380.161
18		KL8(1)[4175]	382.195	2.034	2.034		49.852	12.538					317.771	380.161
19		KL8(1)[4176]	368.507	1.921	1.921		47.586	12.006					306.994	366.586
20		KL8(1)[4177]	368.507	1.921	1.921		47.586	12.006					306.994	366.586
21		KL9(3)[4178]	823.46	4.52	4.52		114.433	15.736	18.48		15.216		655.075	818.94
22		KL9(3)[4179]	823.46	4.52	4.52		114.433	15.736	18.48		15.216		655.075	818.94
23		L1(1)[4180]	131.264	1.469	1.469	16.08		8.72				104.995		129.795
24		合计:	12409.123	78.008	78.008	16.08	1754.485	449.346	36.96	51.224	272.126	940.157	8810.737	12331.115

图 3.4.21

在首层"工程量"选项卡状态下,选择"导航栏"列表中的"梁",点选连梁图元,点击"钢筋计算结果"面板中的"查看钢筋量"按钮,在弹出的"查看钢筋量"窗口中即可看到首层连梁的钢筋工程量,如图 3.4.22 所示。

查看钢筋量

[> 导出到Excel □ 显示施工段归类

钢筋总重量(kg):111.318

	楼层名称	构件名称	钢筋总重量(kg)	HPB300		HRB400			
				6	合计	10	12	22	合计
1	首层	LL1(1)[4181]	111.318	1.176	1.176	17.736	20.43	71.976	110.142
2		合计:	111.318	1.176	1.176	17.736	20.43	71.976	110.142

图 3.4.22

任务 5 识别板建模算量

知识目标

(1)掌握应用广联达 GTJ2021 软件进行识别板建模算量的操作流程及方法;

(2)掌握工程造价数字化应用职业技能等级证书考试中的识别板建模算量相关知识;

(3)掌握识别板建模算量的软件操作技巧。

能力目标

(1)能熟练应用广联达 GTJ2021 软件进行识别板建模算量;

(2)能应用三维视图、云检查、云指标以及云对比等方法进行板工程量核查纠错;

(3)能独立完成工程造价数字化应用职业技能等级证书考试中的识别板建模算量相关题目。

思政素质目标

(1)树立建筑工程相关的法律法规的意识;

(2)培养借助网络信息技术不断提升专业能力的学习精神;

(3)培养敢于维护企业利益的职业素养。

操作流程

3.5.1 识别板

在首层建模状态下,左键点击"导航栏"下拉列表中的"板",在"图纸管理"列表中左键双击"一三层顶板配筋图"打开,此时在建模窗口显示的 CAD 图轴网与 GTJ 工程轴网不重合,需要定位图纸,操作方法与前面章节描述相同,此处略。

在首层板建模状态下,点击"识别现浇板"面板中的"识别板",此时建模窗口的左上角显示识别板的操作选项面板,如图 3.5.1 所示。

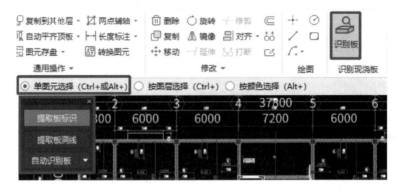

图 3.5.1

点击识别板操作选项面板中的"提取板标识",选用"单图元选择"选取板标识,在建模窗口点击左键逐一选取板标识(即板名称),单击鼠标右键确认,完成板标识提取。

点击识别板的操作选项面板中的"提取板洞线",选用"按图层选择"选取板洞线,左键在建模窗口点击任一板标注,将选中同一图层的全部板洞线,单击鼠标右键确认,完成板洞线提取。

在"图层管理"面板中勾选"已提取的 CAD 图层",取消勾选"CAD 原始图层",核查建模窗口显示的已提取 CAD 图板标识及板洞线,如图 3.5.2 所示。确认无误后方可以进行识别板操作。

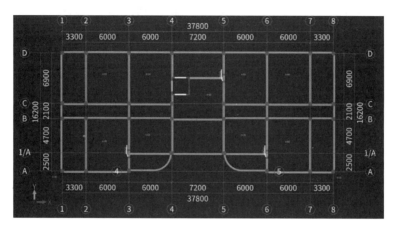

图 3.5.2

点击识别板的操作选项面板中的"自动识别板",弹出"识别板选项"窗口,"板支座选项"设置如图 3.5.3 所示。

根据"一三层顶板配筋图"左下角文字说明第 1 项"除标注外板厚均为 120 mm",点击"确定",弹出"识别板选项"窗口,修改 120 mm 厚的板"名称"为"B-h120",如图 3.5.4 所示。

图 3.5.3

图 3.5.4

点击"确定"完成板识别操作,识别到的板如图 3.5.5 所示。对照"一三层顶板配筋图"不难发现①轴和⑧轴交 A 轴处的板(140 mm 厚)没有识别到,需要手工绘制。在"图层管理"面板中勾选"CAD 原始图层",取消勾选"已提取的 CAD 图层",借助建模窗口显示的 CAD 图板边线进行手工绘制。

在首层板建模状态下,点击选择"绘图"面板中的"矩形"画法,左键分别点击 CAD 图板边线的两个对角点,完成①轴交 A 轴处 140 mm 厚的板绘制,如图 3.5.6 所示。

左键点击选中①轴交 A 轴处 140 mm 厚的板,再点击"修改"面板中的"镜像",在④轴与⑤轴之间绘制镜像轴,在弹出的"提示"窗口中选择"否",成功将①轴交 A 轴处 140 mm 厚的板镜像到⑧轴交 A 轴处,如图 3.5.7 所示。

根据图纸,如果需要设置马凳筋,可以在板的建模状态下,先选中建模窗口已绘制的板图元,在"属性列表"面板中的"钢筋业务属性"设置马凳筋选项即可,此处略。

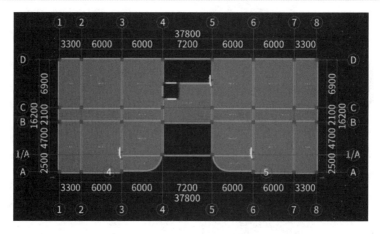

图 3.5.5

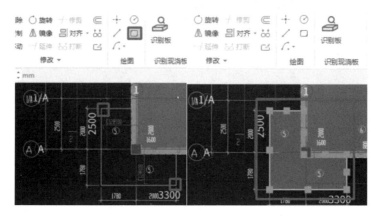

图 3.5.6

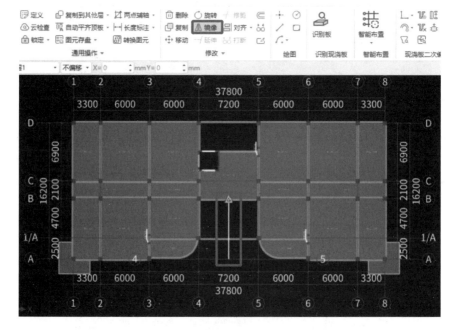

图 3.5.7

3.5.2 识别板受力筋

(1)修改钢筋计算设置。

根据"一三层顶板配筋图"可知,配筋形式是板底双向受力筋加板面跨板受力筋和支座负筋,CAD图示所有板钢筋均有标注钢筋信息。

根据"结构设计总说明(一)"可知板内分布筋的配筋,如图3.5.8所示,需要对照图示板分布筋的配筋信息在软件中修改板钢筋相应计算设置。

(7).板内分布钢筋除注明者外见下表:		
楼板厚度	≤110	120~160
分布钢筋直径 间距	Φ6@200	Φ8@200

图3.5.8

点击"工程设置"选项卡,在"钢筋设置"面板中点击"计算设置",弹出"计算设置"窗口,点击"计算规则"选项列表中的"板/坡道",在"公共设置项"列表中找到"分布钢筋配置",点击"设置值"编辑框右边的"…",在弹出的"分布钢筋配置"窗口中修改板分布筋配置信息,如图3.5.9所示。点击"确定"完成设置值修改,如图3.5.10所示。

图3.5.9

(2)识别板受力筋。

关闭"计算设置"窗口,点击"建模"选项卡,左键点击"导航栏"下拉列表中的"板受力筋",点击"识别板受力筋"面板中的"识别受力筋",建模窗口的左上角显示识别板受力筋的操作选项面板,如图3.5.11所示。

点击识别板受力筋的操作选项面板中的"提取板钢筋",左键在建模窗口点击任一板受力筋线,将选中同一图层的全部板受力筋线,单击鼠标右键确认,完成板受力筋线提取。

点击识别板受力筋的操作选项面板中的"提取板筋标注",左键在建模窗口点击任一板筋标注,将选中同一图层的全部板筋标注,单击鼠标右键确认,完成板筋标注提取,如图3.5.12所示,确认无误后方可以进行识别受力筋操作。

图 3.5.10

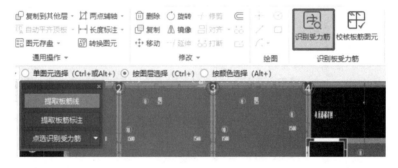

图 3.5.11

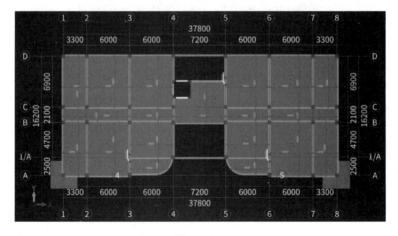

图 3.5.12

点击识别板受力筋的操作选项面板中的"点选识别受力筋"右侧小三角形,在下拉列表中选择"自动识别板筋",如图 3.5.13 所示。弹出"识别板筋选项"窗口,根据图纸修改选项设置,如图 3.5.14 所示。

图 3.5.13

图 3.5.14

点击"确定",弹出"自动识别板筋"窗口,其中"C10@150"钢筋类别为"负筋",点击右边定位图标,此时建模窗口自动定位到了该钢筋,如图 3.5.15 所示。该钢筋实际是板底筋,故点击"钢筋类别"编辑框右边的小三角形,在下拉列表中选择"底筋",如图 3.5.16 所示。

图 3.5.15

图 3.5.16

在弹出的"自动识别板筋"提示窗口中选择"是",完成板受力筋识别,如图 3.5.17 所示。

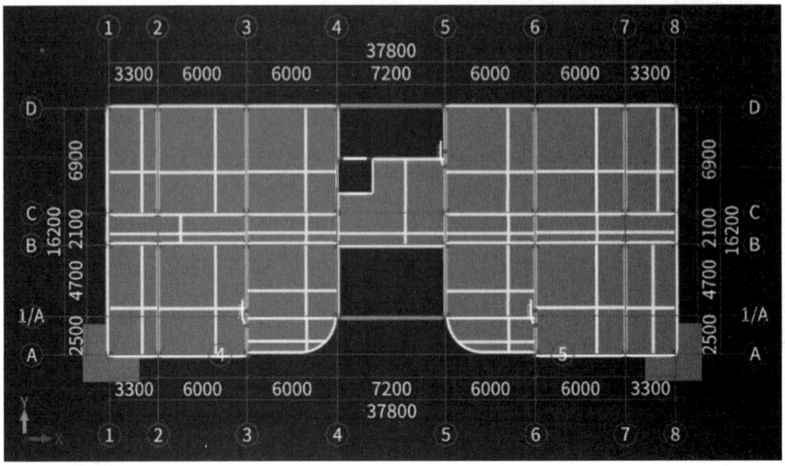

图 3.5.17

3.5.3 识别板负筋

(1)图纸分析。

根据"一三层顶板配筋图"可知,板跨板受力筋标注长度位置为支座外边线,板中间支座负筋标注不含支座,板单边标注支座负筋标注长度位置为支座内边线,这与软件中的板钢筋计算设置默认值一致,如图 3.5.18 所示,故无须修改。

图 3.5.18

根据"一三层顶板配筋图"中"2-2 详图"可知,⑤号负筋为异形钢筋,如图 3.5.19 所示。异形钢筋不适用 CAD 识别建模,适用"表格算量",此处略。

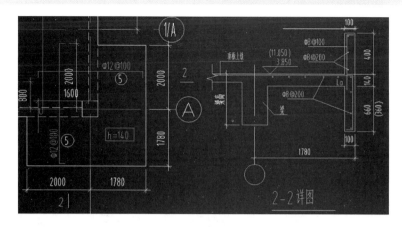

图 3.5.19

"一三层顶板配筋图"电梯井剪力墙右下角点处设置了放射钢筋"7C10",如图 3.5.20 所示。此钢筋也不适用 CAD 识别建模,适用"表格算量",此处略。

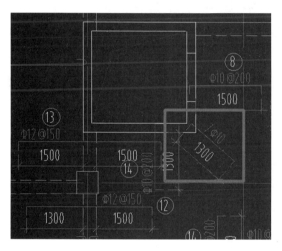

图 3.5.20

(2)识别板负筋与核查纠错。

在首层建模状态下,左键点击"导航栏"下拉列表中的"板负筋",点击"识别板负筋"面板中的"识别负筋",建模窗口的左上角显示识别板负筋的操作选项面板,如图 3.5.21 所示。

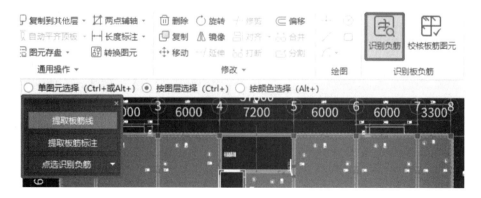

图 3.5.21

点击识别板负筋的操作选项面板中的"提取板钢筋",左键在建模窗口点击任一板负筋线,将选中同一图层的全部跨板受力筋及板负筋线,单击鼠标右键确认,完成板筋线提取。

点击识别板负筋的操作选项面板中的"提取板筋标注",左键在建模窗口点击任一板负筋标注,将选中同一图层的全部板负筋标注,单击鼠标右键确认,完成板负筋标注提取。应用"图纸操作"面板中的"还原CAD"功能将已提取的⑤号负筋、放射钢筋以及"1-1详图"和"2-2详图"多余的CAD信息还原。核查已提取的板负筋,如图3.5.22所示,确认无误后方可以进行识别板负筋操作。

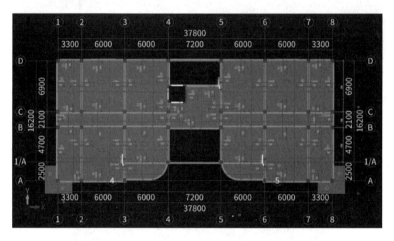

图 3.5.22

点击识别板受力筋的操作选项面板中的"点选识别负筋"右侧小三角形,在下拉列表中选择"自动识别板筋",在弹出的"识别板筋选项"窗口中点击"确定",弹出"自动识别板筋"窗口,点击右边定位图标核查钢筋类别为"底筋"的钢筋,确实为已识别过的板底筋,故此处直接将其删除即可,修改后"自动识别板筋"的钢筋类别如图3.5.23所示。

	名称	钢筋信息	钢筋类别	
1	FJ-C8@200	C8@200	负筋	◈
2	FJ-C10@150	C10@150	负筋	◈
3	FJ-C10@200	C10@200	负筋	◈
4	FJ-C12@150	C12@150	负筋	◈
5	FJ-C12@180	C12@180	负筋	◈
6	FJ-C12@200	C12@200	负筋	◈
7	KBSLJ-C10@130	C10@130	跨板受力筋	◈
8	KBSLJ-C10@200	C10@200	跨板受力筋	◈
9	KBSLJ-C12@200	C12@200	跨板受力筋	◈
10		请输入钢筋信息	下拉选择	◈
11		请输入钢筋信息	下拉选择	◈
12		请输入钢筋信息	下拉选择	◈

自动识别板筋 ×

确定 取消

图 3.5.23

点击"确定",弹出"自动识别板筋"提示窗口,选择"是"。弹出"校核板筋图元"窗口,默认显示"负筋"问题描述,如图3.5.24所示。鼠标左键双击第1项"布筋范围重叠",根据在建模窗口自动锁定的"布筋范围重叠"处的负筋,删除如图3.5.25所示红框内的错误负筋即可。

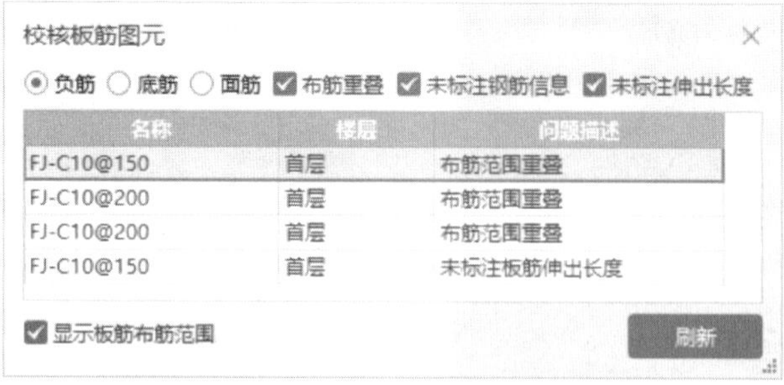

图 3.5.24

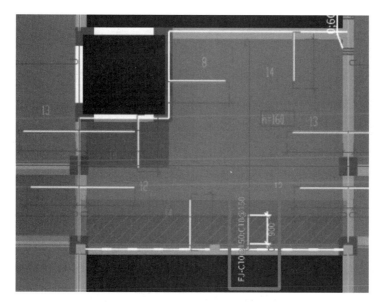

图 3.5.25

　　点击"校核板筋图元"窗口的"刷新",此时显示"负筋"问题描述只剩下1项,如图3.5.26所示,对照"一三层顶板配筋图"可以⑬和⑭号负筋本来就是有交叉重叠的,故无须修改。

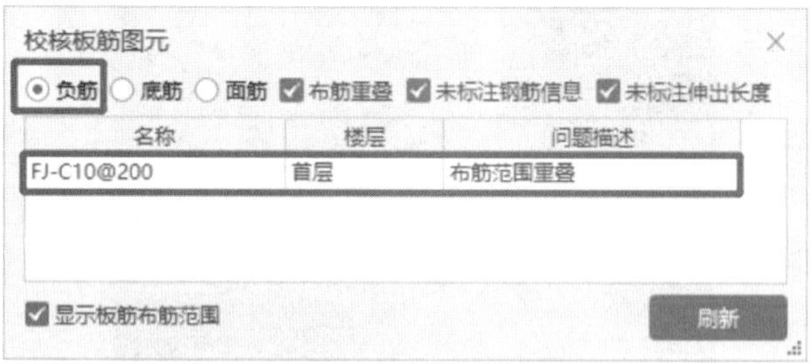

图 3.5.26

　　点击"校核板筋图元"窗口中的"面筋",显示问题描述如图3.5.27所示。左键双击各项"布筋范围重叠"问题查看,主要是 B 轴~C 轴间跨板受力筋布筋范围重叠了,直接按住左键移动①轴~③轴交 B 轴~C 轴间①号跨板受力筋的右侧布筋范围边线至②轴,移动②号跨板受力筋的左侧布筋范围边线至②轴,移动③号跨板受力筋的右侧布筋范围边线至④轴,如图3.5.28所示。⑥轴~⑧轴交 B 轴~C 轴间①号和②号跨板受力筋布筋范围调整方法相同,此处略。

图 3.5.27

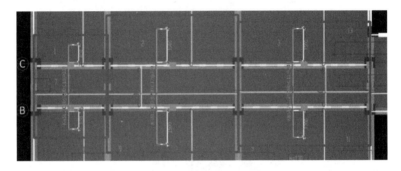

图 3.5.28

根据"一三层顶板配筋图",还需要调整①轴与 A 轴上的⑥号负筋布筋范围,如图 3.5.29 所示。1 号办公楼右边对称位置的⑥号负筋布筋范围调整方法相同,此处略。

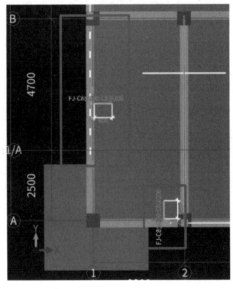

图 3.5.29

3.5.4 板构件做法

进入首层板定义界面,套取板构件的工程量清单做法,如图 3.5.30 所示。应用"做法刷"将 B-h120 的构件做法快速复制到首层及其他楼层的板。

图 3.5.30

3.5.5　板工程量计算

（1）汇总计算。

在键盘上按下快捷键 F9,在弹出的"汇总计算"窗口中勾选首层柱、墙、梁、板进行汇总计算。

（2）查看工程量。

在首层"工程量"选项卡状态下,选择"导航栏"列表中的"现浇板",框选全部板图元,点击"土建计算结果"面板中的"查看工程量"按钮,在弹出的"查看构件图元工程量"窗口中选择查看"做法工程量",如图 3.5.31 所示。

	编码	项目名称	单位	工程量
1	010505001	有梁板	m³	70.5177
2	011702014	有梁板	m²	492.4657

图 3.5.31

在首层"工程量"选项卡状态下,选择"导航栏"列表中的"板受力筋",框选全部板受力筋图元,点击"钢筋计算结果"面板中的"查看钢筋量"按钮,在弹出的"查看钢筋量"窗口中即可看到首层板受力筋的工程量,如图 3.5.32 所示。

图 3.5.32

在首层“工程量”选项卡状态下，选择“导航栏”列表中的“板负筋”，框选全部板负筋图元，点击“钢筋计算结果”面板中的“查看钢筋量”按钮，在弹出的“查看钢筋量”窗口中即可看到首层板负筋的工程量，如图 3.5.33 所示。

查看钢筋量

导出到Excel

钢筋总重量（kg）：1570.511

	楼层名称	构件名称	钢筋总重量（kg）	HPB300		HRB400			
				8	合计	8	10	12	合计
1		FJ-C8@200[4339]	23.21	8.692	8.692	14.518			14.518
2		FJ-C8@200[4340]	8.572	1.74	1.74	6.832			6.832
3		FJ-C8@200[4341]	2.784			2.784			2.784
4		FJ-C8@200[4342]	18.054	6.952	6.952	11.102			11.102
5		FJ-C8@200[4343]	23.21	8.692	8.692	14.518			14.518
6		FJ-C8@200[4344]	2.784			2.784			2.784
7		FJ-C8@200[4345]	18.054	6.952	6.952	11.102			11.102
8		FJ-C8@200[4346]	8.572	1.74	1.74	6.832			6.832
9		FJ-C8@200[4347]	2.562			2.562			2.562
10		FJ-C8@200[4348]	2.562			2.562			2.562
11		FJ-C10@200[4350]	20.026				20.026		20.026
12		FJ-C10@200[4351]	34.162				34.162		34.162
13		FJ-C10@200[4352]	34.162				34.162		34.162
14		FJ-C10@200[4353]	22.839				22.839		22.839
15		FJ-C10@200[4354]	24.242				24.242		24.242
16		FJ-C10@200[4355]	36.89				36.89		36.89
17		FJ-C10@200[4356]	20.026				20.026		20.026
18		FJ-C10@200[4357]	22.839				22.839		22.839
19		FJ-C10@200[4358]	34.162				34.162		34.162
20	首层	FJ-C10@200[4359]	34.162				34.162		34.162
21		FJ-C10@200[4360]	34.162				34.162		34.162
22		FJ-C10@200[4361]	34.162				34.162		34.162
23		FJ-C10@200[4362]	10.857				10.857		10.857
24		FJ-C10@200[4363]	12.228				12.228		12.228
25		FJ-C12@150[4364]	70.826					70.826	70.826
26		FJ-C12@150[4365]	33.365					33.365	33.365
27		FJ-C12@150[4366]	23.946					23.946	23.946
28		FJ-C12@150[4367]	33.719					33.719	33.719
29		FJ-C12@180[4368]	133.671	16.471	16.471			117.2	117.2
30		FJ-C12@180[4369]	77.898					77.898	77.898
31		FJ-C12@180[4370]	35.666					35.666	35.666
32		FJ-C12@180[4371]	133.671	16.471	16.471			117.2	117.2
33		FJ-C12@180[4372]	77.898					77.898	77.898
34		FJ-C12@180[4373]	35.666					35.666	35.666
35		FJ-C12@200[4374]	114.831	15.211	15.211			99.62	99.62
36		FJ-C12@200[4375]	99.62					99.62	99.62
37		FJ-C12@200[4376]	114.831	15.211	15.211			99.62	99.62
38		FJ-C12@200[4377]	99.62					99.62	99.62
39		合计：	1570.511	98.132	98.132	75.596	374.919	1021.864	1472.379

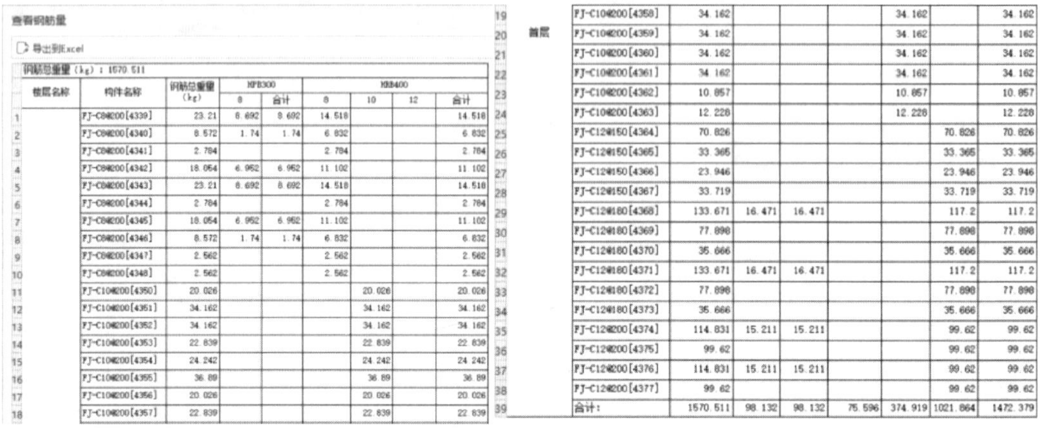

图 3.5.33

任务 6 识别砌体墙、门窗建模算量

知识目标

（1）掌握应用广联达 GTJ2021 软件进行识别砌体墙、门窗建模算量的操作流程及方法；

（2）掌握工程造价数字化应用职业技能等级证书考试中的识别砌体墙、门窗建模算量相关知识；

（3）掌握识别砌体墙、门窗建模算量的软件操作技巧。

能力目标

（1）能熟练应用广联达 GTJ2021 软件进行识别砌体墙、门窗建模算量；

（2）能应用三维视图、云检查、云指标以及云对比等方法进行砌体墙、门窗工程量核查纠错；

（3）能独立完成工程造价数字化应用职业技能等级证书考试中的砌体墙、门窗建模算量相关题目。

思政素质目标

（1）树立安全生产、文明建设的思想意识；

（2）激发甘愿为他人遮风挡雨的助人精神；

（3）培养吃得了苦、不轻易放弃的职业素养。

操作流程

3.6.1 识别砌体墙

（1）添加建筑 CAD 图纸。

首层建模状态下，点击“导航栏”下拉列表中的“砌体墙”，在“图纸管理”列表中点击任一图纸名称，按住键盘上的 Ctrl+A 组合键选中列表中的全部图纸，点击“删除”删掉之前导入的结构 CAD 图纸，重新导入建筑 CAD 图纸。

在"图纸管理"面板点击"添加图纸",把"1 号办公楼工程"的建筑 CAD 图纸导入 GTJ 软件。点击"分割"下拉列表中的"自动分割",完成图纸分割,如图 3.6.1 所示。图纸列表中双击"一层平面图"打开,点击"定位"完成图纸定位。

图 3.6.1

(2)识别砌体墙。

在首层砌体墙建模状态下,点击"识别砌体墙"面板中的"识别砌体墙",此时建模窗口的左上角显示识别砌体墙的操作选项面板,如图 3.6.2 所示。

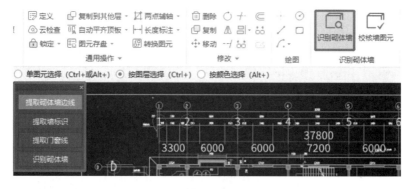

图 3.6.2

点击识别砌体墙的操作选项面板中的"提取砌体墙边线",选用"按图层选择"选取砌体墙边线,左键在建模窗口点击任一砌体墙边线,将选中同一图层的全部砌体墙边线,单击鼠标右键确认,完成砌体墙边线提取。

点击识别砌体墙的操作选项面板中的"提取墙标识",选用"按图层选择"选取砌体墙标识(即 CAD 图中的墙厚标注,外墙 250 mm 厚,内墙 200 mm 厚),左键在建模窗口点击任一砌体墙标识,将选中同一图层的全部砌体墙标识,单击鼠标右键确认,完成砌体墙标识提取。

点击识别砌体墙的操作选项面板中的"提取门窗线",选用"按图层选择"选取门窗线,左键在建模窗口点击任一门窗线，将选中同一图层的全部门窗线，单击鼠标右键确认，完成门窗线提取。应用"图纸操作"面板中的"还原CAD"功能将提取到的多余边线还原。

在"图层管理"面板中勾选"已提取的CAD图层"，取消勾选"CAD原始图层"，核查建模窗口显示的已提取CAD图砌体墙边线、标识及门窗线信息，如图3.6.3所示。确认无误后方可以进行识别砌体墙操作。

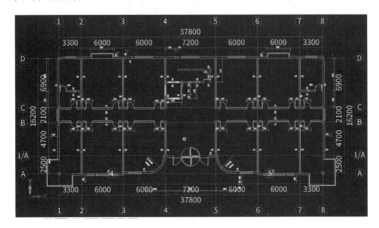

图 3.6.3

点击识别砌体墙的操作选项面板中的"识别砌体墙"，弹出"识别砌体墙"窗口，如图3.6.4所示。

图 3.6.4

点击"自动识别"，在弹出的"识别砌体墙"提示窗口中选择"是"，完成砌体墙识别，左键点选电梯门口处的"内墙200"，按下键盘上的 Delete 键删除，如图3.6.5所示。

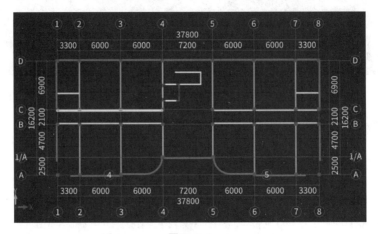

图 3.6.5

3.6.2　砌体墙核查纠错

（1）核查纠错。

根据"一层平面图"可知,图 3.6.5 中①轴和⑧轴砌体墙在 B 轴～C 轴段是连续的,故要修改。键盘按下 Z 键,可快速隐藏建模窗口中柱图元。左键点击选中①轴交 A 轴～B 轴段砌体墙,按住左键将墙上端点(绿色点)移动至①轴交 C 轴～D 轴段砌体墙下端点,并用左键单击,使得上下两端墙体相交,如图 3.6.6 所示。⑧轴砌体墙的修改方法相同,此处略。

（2）绘制 100 厚砌体墙。

根据"建施-12"的详图①可知,①轴和⑧轴交 A 轴处 ZJC1 所在位置砌体墙厚 100 mm,需要手工定义及绘制。在首层砌体墙建模状态下,左键选中"构件列表"中的"外墙 250",点击"复制",生成构件"外墙 251",在"属性列表"修改"名称"为"外墙 100",修改"厚度"为"100",如图 3.6.7 所示。

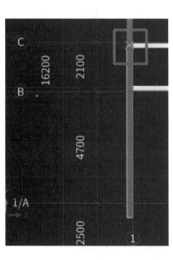

图 3.6.6

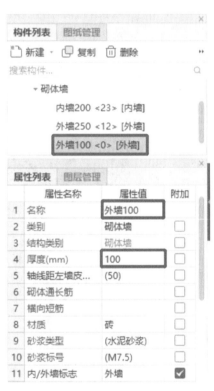

图 3.6.7

在"图层管理"面板中勾选"已提取的 CAD 图层",取消勾选"CAD 原始图层"。点击"绘图"面板中的"直线",左键点击 ZJC1 与①轴砌体墙的交点,按键盘 F4(手提电脑同时按下 Fn＋F4 键)改变"外墙 100"的插入点,沿着 ZJC1 的 CAD 边线绘制"外墙 100"即可,绘制完成后如图 3.6.8 所示。⑧轴交 A 轴处 ZJC1 所在位置的"外墙 100"绘制方法相同,也可以用"镜像"方法快速完成,此处略。

3.6.3　识别门窗

在首层建模状态下,点击"导航栏"下拉列表中的"门",在"图层管理"面板中勾选"CAD

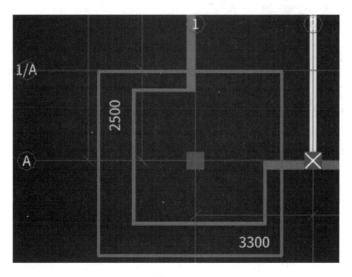

图 3.6.8

原始图层",取消勾选"已提取的 CAD 图层"。在"图纸管理"列表中左键双击打开"建筑设计总说明",点击"识别门"面板中的"识别门窗表",左键在建模窗口"建筑设计总说明"中框选门窗表,如图 3.6.9 所示。

FM甲1021	甲级防火门	1000	2100
FM乙1121	乙级防火门	1100	2100
M5021	装饰玻璃门	5000	2100
M1021	木质夹板门	1000	2100
C0924	塑钢窗	900	2400
C1524	塑钢窗	1500	2400
C1624	塑钢窗	1600	2400
C1824	塑钢窗	1800	2400
C2424	塑钢窗	2400	2400
PC1	飘窗(塑钢窗)	见平面	2400
C5027	塑钢窗	5000	2700

图 3.6.9

点击右键确认,在弹出的"识别门窗表"中根据图纸修改"离地高度"属性值,并删除识别到的"PC1"所在行全部信息,如图 3.6.10 所示。点击"识别",弹出"识别门窗表"提示窗口,如图 3.6.11 所示,点击"确定"完成门窗表识别。

点击"构件列表"分别查看识别到的门和窗构件,如图 3.6.12 所示。分别点击选中每个识别到的门和窗,查看"属性列表"中各项属性值,确认无误后方可进行识别门窗操作。

图 3.6.10

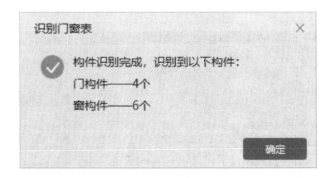

图 3.6.11

图 3.6.12

在首层门建模状态下,在"图纸管理"列表中左键双击打开"一层平面图",在"图层管理"面板中勾选"CAD 原始图层",取消勾选"已提取的 CAD 图层"。点击"识别门"面板中的"识别门窗洞",建模窗口的左上角显示识别门窗洞的操作选项面板,如图 3.6.13 所示。

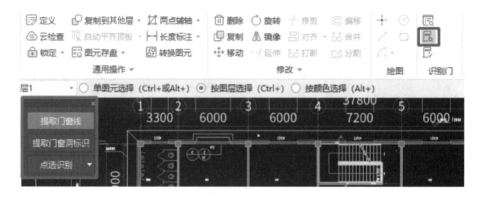

图 3.6.13

门窗线在识别砌体墙时已经提取过了,建模窗口的 CAD 图中不再显示门窗线。在识别门窗洞的操作选项面板中点击"提取门窗洞标识",左键在建模窗口点击任一门窗洞标识,将选中同一图层的全部门窗洞标识,单击鼠标右键确认,完成门窗洞标识提取。核查已提取的门窗洞标识,如图 3.6.14 所示。确认无误后方可以进行识别门窗洞标识操作。

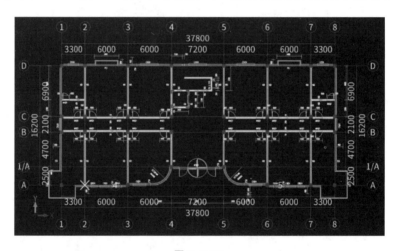

图 3.6.14

点击识别板受力筋的操作选项面板中的"点选识别"右侧小三角形,在下拉列表中选择"自动识别",弹出"识别门窗洞"提示窗口,如图 3.6.15 所示。

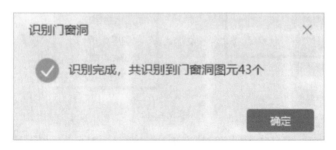

图 3.6.15

点击"确定",弹出"校核门窗"窗口,点击窗口中的"窗",显示 ZJC1 和 PC1 有问题,如图 3.6.16 所示。

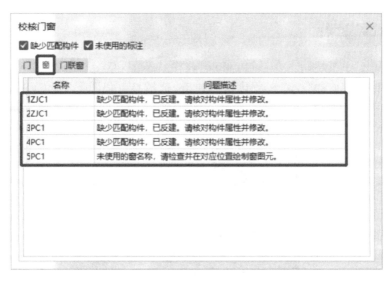

图 3.6.16

点击"导航栏"下拉列表中的"窗",左键在建模窗口分别点选识别到的 ZJC1 和 PC1,按键盘上的 Delete 键删除。关闭"校核门窗"窗口,即完成门窗识别。

3.6.4 绘制 ZJC1

ZJC1 按"带形窗"手工绘制。在首层门窗洞建模状态下,点击"导航栏"下拉列表中的"带形窗",点击"构件列表"中"新建带形窗",在"属性列表"中修改名称为"ZJC1",根据"一层平面图"修改"框厚"为"100",根据"建施-12"详图①修改相关属性值,如图 3.6.17 所示。

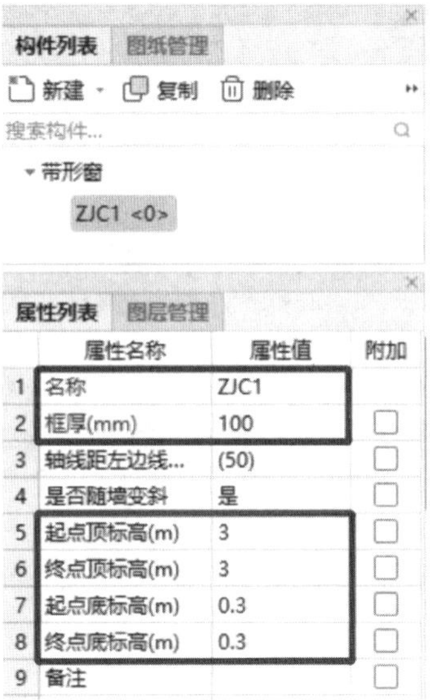

图 3.6.17

点击"绘图"面板中的"直线",左键点击"外墙100"与"外墙250"的交点作为起点,沿着"外墙100"绘制 ZJC1,如图 3.6.18 所示。应用"镜像"功能可以把左边绘制好的 ZJC1 快速镜像到右边。

3.6.5 绘制 PC1

PC1 按"飘窗"手工绘制。在首层门窗洞建模状态下,点击"导航栏"下拉列表中的"飘窗",点击"构件列表"中的"新建参数化窗",弹出"选择参数化图形"窗口,根据图纸在"参数化截面类型"图形列表中选择"矩形飘窗",如图 3.6.19 所示。修改"矩形飘窗"参数化设置,如图 3.6.20 所示。点击"确定"完成新建参数化飘窗。

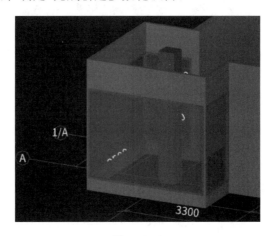

图 3.6.18

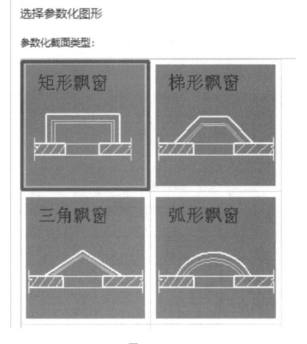

图 3.6.19

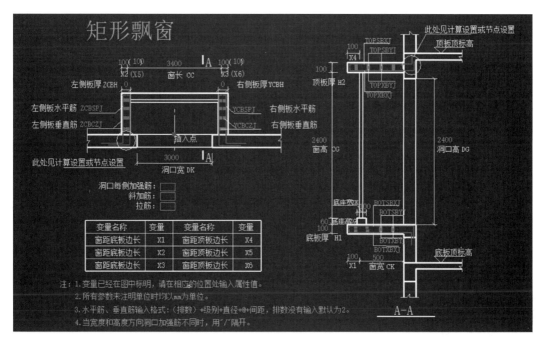

图 3.6.20

返回飘窗建模界面,在"属性列表"中修改飘窗"名称"为"PC1",根据"⑧-①轴立面图"修改飘窗位置"离地高度"为"600",如图 3.6.21 所示。

在首层飘窗建模状态下,点击"绘图"面板中的"点"画法,根据"一层平面图"飘窗所在位置,鼠标左键点击分别点击②轴~③轴和⑥轴~⑦轴交 D 轴两段砌体墙中点绘制飘窗,如图3.6.22 所示。

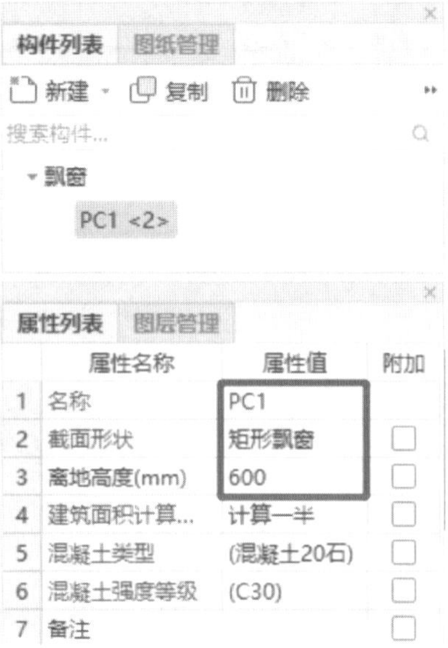

图 3.6.21

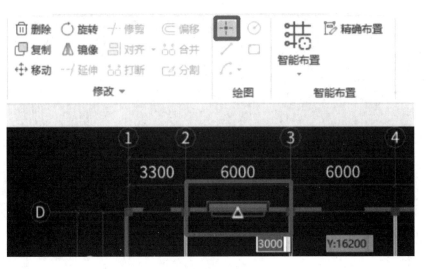

图 3.6.22

3.6.6 生成过梁

在首层门窗洞建模状态下,点击"导航栏"下拉列表中的"过梁",在"过梁二次编辑"面板中点击"生成过梁",弹出"生成过梁"窗口,根据"结构设计总说明(二)"中"过梁尺寸及配筋表"修改过梁"布置位置"及"布置条件"等设置,如图 3.6.23 所示。点击"确定",弹出"生成过梁"提示窗口,如图 3.6.24 所示。

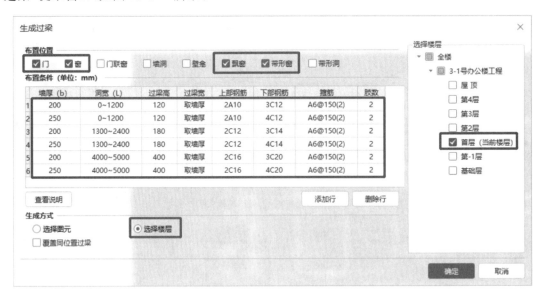

图 3.6.23

点击"关闭"完成生成过梁。此时"构件列表"中生成了首层的全部过梁构件,如图 3.6.25 所示。注意 ZJC1 和 PC1 上方不设置过梁。

其他楼层识别砌体墙与门窗、绘制带形窗与飘窗、生成过梁的操作方法同首层,此处略。

图 3.6.24　　　　　　　　　　　　　　　　　图 3.6.25

3.6.7　砌体墙、门窗及过梁构件做法

进入首层砌体墙定义界面,套取砌体墙构件的工程量清单做法,如图 3.6.26 所示。应用"做法刷"将其构件做法快速复制到其他楼层的砌体墙。

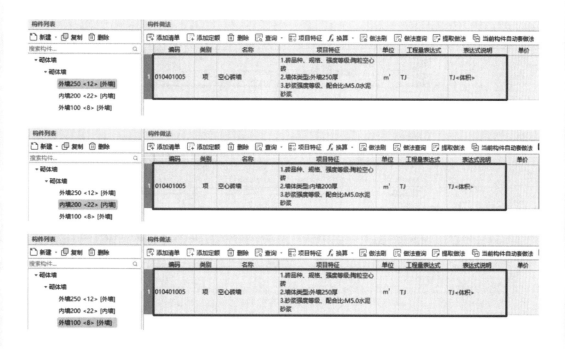

图 3.6.26

套取门构件的工程量清单做法,如图 3.6.27 所示。应用"做法刷"将其构件做法快速复制到其他楼层的门。

套取窗、带形窗和飘窗构件的工程量清单做法,如图 3.6.28 所示。应用"做法刷"将其构件做法快速复制到首层及其他楼层的窗、带形窗和飘窗。

套取过梁构件的工程量清单做法,如图 3.6.29 所示。应用"做法刷"将其构件做法快速复制到首层及其他楼层的过梁。

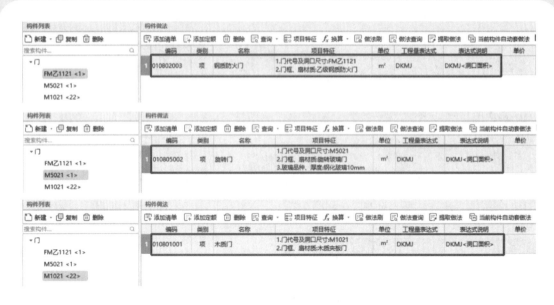

图 3.6.27

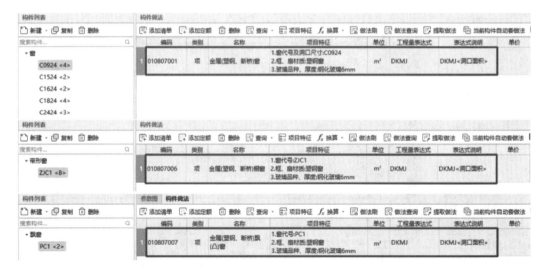

图 3.6.28

图 3.6.29

（1）汇总计算。

在键盘上按下快捷键 F9，在弹出的"汇总计算"窗口中勾选首层柱、墙、门窗洞、梁、板进行汇总计算。

（2）查看工程量。

在首层"工程量"选项卡状态下，选择"导航栏"列表中的"砌体墙"，框选全部砌体墙图元，点击"土建计算结果"面板中的"查看工程量"按钮，在弹出的"查看构件图元工程量"窗口中选择查看"做法工程量"，如图 3.6.30 所示。

查看构件图元工程量

	编码	项目名称	单位	工程量
1	010401005	空心砖墙（内墙200）	m³	84.8556
2	010401005	空心砖墙（外墙250）	m³	56.5612
3	010401005	空心砖墙（外墙100）	m³	2.4396

图 3.6.30

在首层"工程量"选项卡状态下，选择"导航栏"列表中的"门"，框选全部门图元，点击"土建计算结果"面板中的"查看工程量"按钮，在弹出的"查看构件图元工程量"窗口中选择查看"做法工程量"，如图 3.6.31 所示。

查看构件图元工程量

	编码	项目名称	单位	工程量
1	010802003	钢质防火门FM乙1121	m²	2.31
2	010805002	旋转门M5021	m²	10.5
3	010801001	木质门M1021	m²	46.2

图 3.6.31

在首层"工程量"选项卡状态下，选择"导航栏"列表中的"窗"，框选全部窗图元，点击"土建计算结果"面板中的"查看工程量"按钮，在弹出的"查看构件图元工程量"窗口中选择查看"做法工程量"，如图 3.6.32 所示。

查看构件图元工程量

	编码	项目名称	单位	工程量
1	010807001	金属(塑钢、断桥)窗C0924	m²	8.64
2	010807001	金属(塑钢、断桥)窗C1524	m²	7.2
3	010807001	金属(塑钢、断桥)窗C1624	m²	7.68
4	010807001	金属(塑钢、断桥)窗C1824	m²	17.28
5	010807001	金属(塑钢、断桥)窗C2424	m²	17.28

图 3.6.32

在首层"工程量"选项卡状态下，选择"导航栏"列表中的"带形窗"，框选全部带形窗图元，点击"土建计算结果"面板中的"查看工程量"按钮，在弹出的"查看构件图元工程量"窗口中选择查看"做法工程量"，如图 3.6.33 所示。

查看构件图元工程量

构件工程量 | 做法工程量

编码	项目名称	单位	工程量
1 010807006	金属(塑钢、断桥)橱窗ZJC1	m²	54.108

图 3.6.33

在首层"工程量"选项卡状态下,选择"导航栏"列表中的"飘窗",框选全部飘窗图元,点击"土建计算结果"面板中的"查看工程量"按钮,在弹出的"查看构件图元工程量"窗口中选择查看"做法工程量",如图 3.6.34 所示。

查看构件图元工程量

构件工程量 | 做法工程量

编码	项目名称	单位	工程量
1 010807007	金属(塑钢、断桥)飘(凸)窗PC1	m²	14.4

图 3.6.34

单位工程投标报价汇总表

工程名称：广联达培训楼工程　　　　　　标段：　　　　　　第 1 页　共 1 页

序号	汇总内容	金额:(元)	其中：暂估价(元)
1	分部分项合计	348513.04	
1.1	A建筑工程	348513.04	
2	措施合计	72194.74	
2.1	绿色施工安全防护措施费	30033.69	
2.2	其他措施费	42161.05	
3	其他项目	78394.59	—
3.1	暂列金额	34851.30	
3.2	暂估价	20000.00	
3.3	计日工	2700.00	
3.4	总承包服务费		
3.5	预算包干费	6323.07	
3.6	工程优质费	4064.83	
3.7	概算幅度差	10455.39	
3.8	索赔费用		
3.9	现场签证费用		
3.10	其他费用		
4	税前工程造价	499102.37	
5	增值税销项税额	44919.21	—
6	总造价	544021.58	

模块四　云计价平台 GCCP6.0 应用

任务 1　新建计价项目、导入 GTJ 工程

知识目标

（3）熟悉广联达云计价平台 GCCP6.0 的操作流程及使用方法；

（4）掌握应用 GCCP6.0 新建计价项目；

（3）掌握应用 GCCP6.0 编制造价文件的流程。

能力目标

（1）能够熟练应用广联达云计价平台 GCCP6.0 新建计价项目；

（2）能够熟练导入 GTJ 建模文件并整理清单；

（3）能够正确编制钢筋工程量清单并套用定额。

思政素质目标

（1）培养融会贯通的学习意识；

（2）树立诚实守信的职业品德；

（3）弘扬精益求精的工匠精神。

操作流程

广联达 GCCP6.0 计价软件是定额的电子版和拓展版。根据广东省定额，工程造价费用由四部分组成，即分部分项工程费、措施项目费、其他项目费、税金。广联达云计价平台

GCCP6.0的费用设置,无论是投标费用还是招标控制价以及工程结算费用等不同的造价模式,都是以这四部分费用为主线来进行编制的。在 GCCP6.0 软件的操作界面,同样也是按照这四部分费用来进行设置。因此,在通过 GCCP6.0 软件编制造价费用文件的过程中,分部分项工程费用编制、措施项目费用编制、其他项目费用编制、税金费用编制这四部分费用就是逻辑主线。掌握这条逻辑主线,对编制工程造价费用文件和软件的操作应用有至关重要的作用。

4.1.1 新建计价项目

鼠标左键双击电脑桌面图标"广联达云计价平台 GCCP6.0"快捷方式图标打开软件,启动完成,弹出窗口如图 4.1.1 所示。

图 4.1.1

在"新建预算"中找到"单位工程/清单",该项目拟采用清单计价的模式进行编制。在"工程名称"中输入"广联达培训楼工程",这里需要注意的是"清单库"和"定额库"的选择要和 GTJ 算量软件中设置的清单库和定额库的规则保持一致。"清单库"选择"工程量清单项目计量规范(2013-广东)","定额库"选择"广东省房屋建筑与装饰工程综合定额(2018)",在选择完毕后,点击"立即新建"按钮,如图 4.1.2 所示。

4.1.2 "量价一体化"导入算量文件

在广联达 BIM 土建计量平台 GTJ2021 软件中,进行软件绘图操作和表格操作的目的是计算工程量:套用做法清单即可算出该清单的工程量,根据项目特征套用定额即可进行综合单价组价。在"模块二 GTJ2021 手工建模算量"的项目——广联达培训楼工程的建模中,已经对清单和定额进行了做法套用。因此,通过"量价一体化"导入的算量文件,既有清单项又有定额做法。

图 4.1.2

点击"量价一体化"按钮，会出现"导入算量文件"界面，如图 4.1.3 所示。根据文件所在的硬盘位置，进行查找导入，如图 4.1.4 所示。

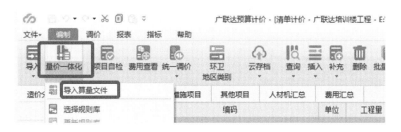

图 4.1.3

图 4.1.4

鼠标左键点击"导入"之后，弹出如图 4.1.5 所示的对话框，在对话框中，点选培训楼工程前面的圆圈，点击"确定"。

图 4.1.5

在弹出的"算量工程文件导入"对话框中，鼠标左键点击"清单项目"（图 4.1.6）和"措施项目"（图 4.1.7），将"清单项目"和"措施项目"中的清单项和措施项全选后，点击"导入"。

	导入	编码	类别	名称	单位	工程量
1	☑	010101001001	项	平整场地	m²	75.3095
2	☑	A1-1-1	定	平整场地	100m²	0.7531
3	☑	010101003001	项	挖沟槽土方	m³	20.988
4	☑	A1-1-21	定	人工挖沟槽土方 三类土 深度在2m内	100m³	0.0105
5	☑	A1-1-49	定	挖掘机挖装沟槽、基坑土方 三类土	1000m³	0.0199
6	☑	010101004001	项	挖基坑土方	m³	49.184
7	☑	A1-1-12	定	人工挖基坑土方 三类土 深度在2m内	100m³	0.0246
8	☑	A1-1-49	定	挖掘机挖装沟槽、基坑土方 三类土	1000m³	0.0467
9	☑	010103001001	项	回填方	m³	12.808
10	☑	A1-1-127	定	回填土 人工夯实	100m³	0.1281
11	☑	010103001002	项	回填方	m³	48.676
12	☑	A1-1-129	定	回填土 夯实机夯实 槽、坑	100m³	0.4868
13	☑	010103002001	项	余方弃置	m³	34.146
14	☑	A1-1-53	定	自卸汽车运土方 运距1km内	1000m³	0.0341
15	☑	A1-1-54 *9	换算子目	自卸汽车运土方 每增加1km 单价*9	1000m³	0.0341
16	☑	010401001001	项	砖基础	m³	6.497
17	☑	A1-4-1	定	砖基础	10m³	0.6497
18	☑	A1-10-109	定	普通防水砂浆 平面 20mm厚	100m²	0.1647

图 4.1.6

通过以上步骤导入完毕后，"清单项目"和"措施项目"就会自动识别到如图 4.1.8 所示的"分部分项"和如图 4.1.9 所示"措施项目"中。

算量工程文件导入

清单项目　措施项目

全部选择　全部取消

	导入	编码	类别	名称	单位	工程量	对应的措施项目	父措施项	可计量措施
1	☑	粤011701008001	项	综合钢脚手架	m²	361.638			☑
2	☑	A1-21-2	定	综合钢脚手架搭拆 高度(m以内) 12.5	100m²	3.6164			
3	☑	粤011701011001	项	里脚手架	m²	153.355			☑
4	☑	A1-21-31	定	里脚手架(钢管) 民用建筑 基本层3.6m	100m²	1.5336			
5	☑	011702001001	项	基础	m²	15.58			☑
6	☑	A1-20-3	定	独立基础模板	100m²	0.1558			
7	☑	011702001002	项	基础	m²	14.34			☑
8	☑	A1-20-12	定	基础垫层模板	100m²	0.1434			
9	☑	011702002001	项	矩形柱	m²	54.196			☑
10	☑	A1-20-16	定	矩形柱模板(周长m) 支模高度3.6m内 1.8外	100m²	0.576			
11	☑	011702002002	项	矩形柱	m²	69.076			☑
12	☑	A1-20-15	定	矩形柱模板(周长m) 支模高度3.6m内 1.8内	100m²	0.7488			
13	☑	011702002003	项	矩形柱	m²	2.199			☑
14	☑	A1-20-14	定	矩形柱模板(周长m) 支模高度3.6m内 1.2内	100m²	0.023			
15	☑	011702002004	项	矩形柱	m²	2.784			☑
16	☑	A1-20-15	定	矩形柱模板(周长m) 支模高度3.6m内 1.8内	100m²	0.0288			
17	☑	011702002005	项	矩形柱	m²	5.6			☑

☐ 清空导入　　　　　　　　　　　　　　　　　　　　　　　　【导入】　关闭

图 4.1.7

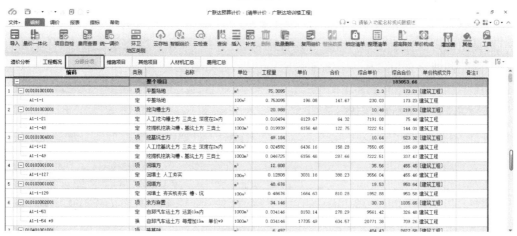

图 4.1.8

图 4.1.9

4.1.3　分部分项工程清单整理

通过"量价一体化"导入的清单并未按照分部分项工程汇总,需要进行分部分项清单整理。鼠标左键点击"整理清单"按钮,选择"分部整理",如图 4.1.10 所示。

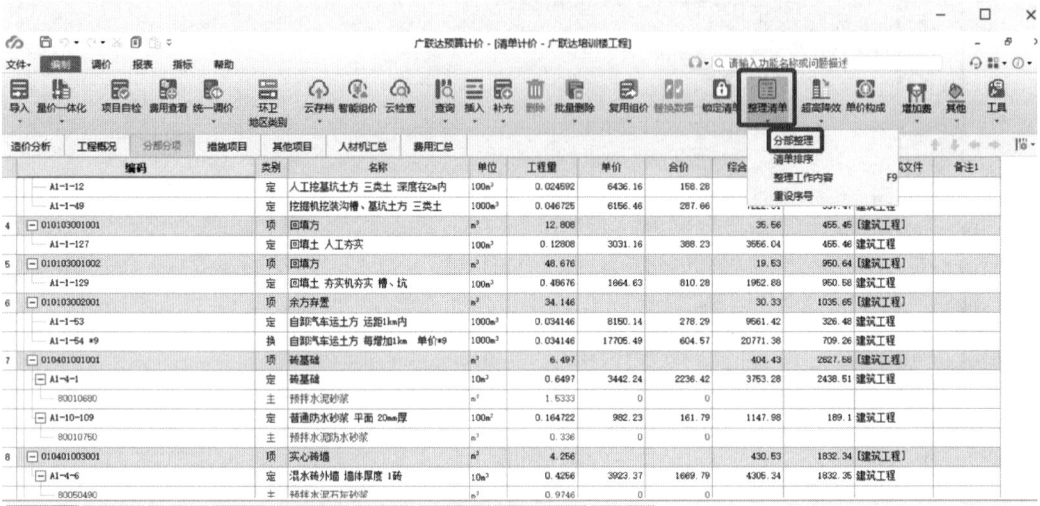

图 4.1.10

在弹出的对话框中,勾选"需要专业分部标题"和"需要章分部标题",点击"确定"按钮,在页面的左侧即会自动出现专业和章标题导航栏,如图 4.1.11 所示。

图 4.1.11

4.1.4　编辑钢筋工程量清单

点击"导航栏"中的"混凝土及钢筋混凝土工程"后,并没有钢筋的清单和定额。这里需要手动添加钢筋工程量清单和定额子目。打开"报表",找到"钢筋定额表"和"接头定额表",如图 4.1.12 和图 4.1.13 所示。

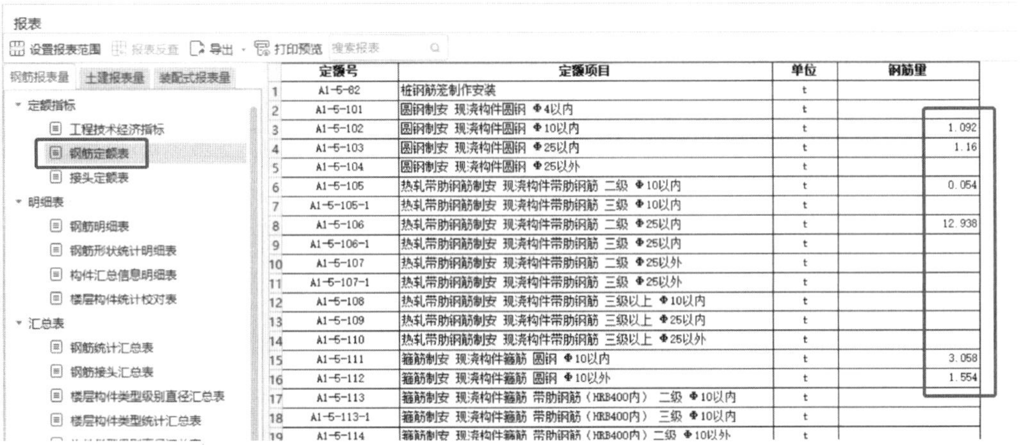
报表
设置报表范围
报表反查
导出
打印预览
搜索报表
钢筋报表量
土建报表量
装配式报表量
定额指标
工程技术经济指标
钢筋定额表
接头定额表
明细表
钢筋明细表
钢筋形状统计明细表
构件汇总信息明细表
楼层构件统计校对表
汇总表
钢筋统计汇总表
钢筋接头汇总表
楼层构件类型级别直径汇总表
楼层构件类型统计汇总表

	定额号	定额项目	单位	钢筋量
1	A1-5-82	桩钢筋笼制作安装	t	
2	A1-5-101	圆钢制安 现浇构件圆钢 Φ4以内	t	
3	A1-5-102	圆钢制安 现浇构件圆钢 Φ10以内	t	1.092
4	A1-5-103	圆钢制安 现浇构件圆钢 Φ25以内	t	1.16
5	A1-5-104	圆钢制安 现浇构件圆钢 Φ25以外	t	
6	A1-5-105	热轧带肋钢筋制安 现浇构件带肋钢筋 二级 Φ10以内	t	0.054
7	A1-5-105-1	热轧带肋钢筋制安 现浇构件带肋钢筋 三级 Φ10以内	t	
8	A1-5-106	热轧带肋钢筋制安 现浇构件带肋钢筋 二级 Φ25以内	t	12.938
9	A1-5-106-1	热轧带肋钢筋制安 现浇构件带肋钢筋 三级 Φ25以内	t	
10	A1-5-107	热轧带肋钢筋制安 现浇构件带肋钢筋 二级 Φ25以外	t	
11	A1-5-107-1	热轧带肋钢筋制安 现浇构件带肋钢筋 三级 Φ25以外	t	
12	A1-5-108	热轧带肋钢筋制安 现浇构件带肋钢筋 三级以上 Φ10以内	t	
13	A1-5-109	热轧带肋钢筋制安 现浇构件带肋钢筋 三级以上 Φ25以内	t	
14	A1-5-110	热轧带肋钢筋制安 现浇构件带肋钢筋 三级以上 Φ25以外	t	
15	A1-5-111	箍筋制安 现浇构件箍筋 圆钢 Φ10以内	t	3.058
16	A1-5-112	箍筋制安 现浇构件箍筋 圆钢 Φ10以外	t	1.554
17	A1-5-113	箍筋制安 现浇构件箍筋 带肋钢筋（HRB400内） 二级 Φ10以内	t	
18	A1-5-113-1	箍筋制安 现浇构件箍筋 带肋钢筋（HRB400内） 三级 Φ10以内	t	
19	A1-5-114	箍筋制安 现浇构件箍筋 带肋钢筋（HRB400内）二级 Φ10以外	t	

图 4.1.12

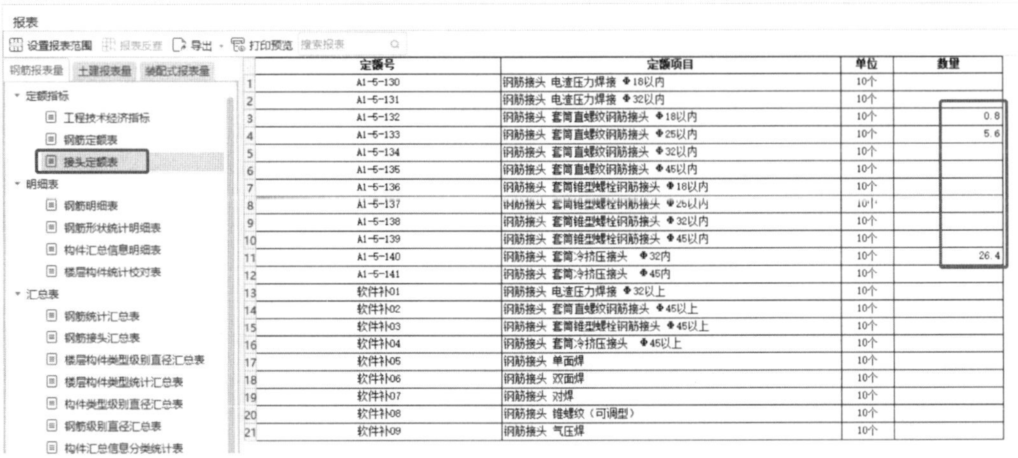
报表
设置报表范围
报表反查
导出
打印预览
搜索报表
钢筋报表量
土建报表量
装配式报表量
定额指标
工程技术经济指标
钢筋定额表
接头定额表
明细表
钢筋明细表
钢筋形状统计明细表
构件汇总信息明细表
楼层构件统计校对表
汇总表
钢筋统计汇总表
钢筋接头汇总表
楼层构件类型级别直径汇总表
楼层构件类型统计汇总表
构件类型级别直径汇总表
钢筋级别直径汇总表
构件汇总信息分类统计表

	定额号	定额项目	单位	数量
1	A1-5-130	钢筋接头 电渣压力焊接 Φ18以内	10个	
2	A1-5-131	钢筋接头 电渣压力焊接 Φ32以内	10个	
3	A1-5-132	钢筋接头 套筒直螺纹钢筋接头 Φ18以内	10个	0.8
4	A1-5-133	钢筋接头 套筒直螺纹钢筋接头 Φ25以内	10个	5.6
5	A1-5-134	钢筋接头 套筒直螺纹钢筋接头 Φ32以内	10个	
6	A1-5-135	钢筋接头 套筒直螺纹钢筋接头 Φ45以内	10个	
7	A1-5-136	钢筋接头 套筒锥型螺栓钢筋接头 Φ18以内	10个	
8	A1-5-137	钢筋接头 套筒锥型螺栓钢筋接头 Φ25以内	10个	
9	A1-5-138	钢筋接头 套筒锥型螺栓钢筋接头 Φ32以内	10个	
10	A1-5-139	钢筋接头 套筒锥型螺栓钢筋接头 Φ45以内	10个	
11	A1-5-140	钢筋接头 套筒冷挤压接头 Φ32内	10个	26.4
12	A1-5-141	钢筋接头 套筒冷挤压接头 Φ45内	10个	
13	软件补01	钢筋接头 电渣压力焊接 Φ32以上	10个	
14	软件补02	钢筋接头 套筒直螺纹钢筋接头 Φ45以上	10个	
15	软件补03	钢筋接头 套筒锥型螺栓钢筋接头 Φ45以上	10个	
16	软件补04	钢筋接头 套筒冷挤压接头 Φ45以上	10个	
17	软件补05	钢筋接头 单面焊	10个	
18	软件补06	钢筋接头 双面焊	10个	
19	软件补07	钢筋接头 对焊	10个	
20	软件补08	钢筋接头 锥螺纹（可调型）	10个	
21	软件补09	钢筋接头 气压焊	10个	

图 4.1.13

点击“插入”后选择“插入清单”，如图 4.1.14 所示。根据“钢筋定额表”和“接头定额表”中的清单和定额编号以及工程量，进行清单和定额的添加。

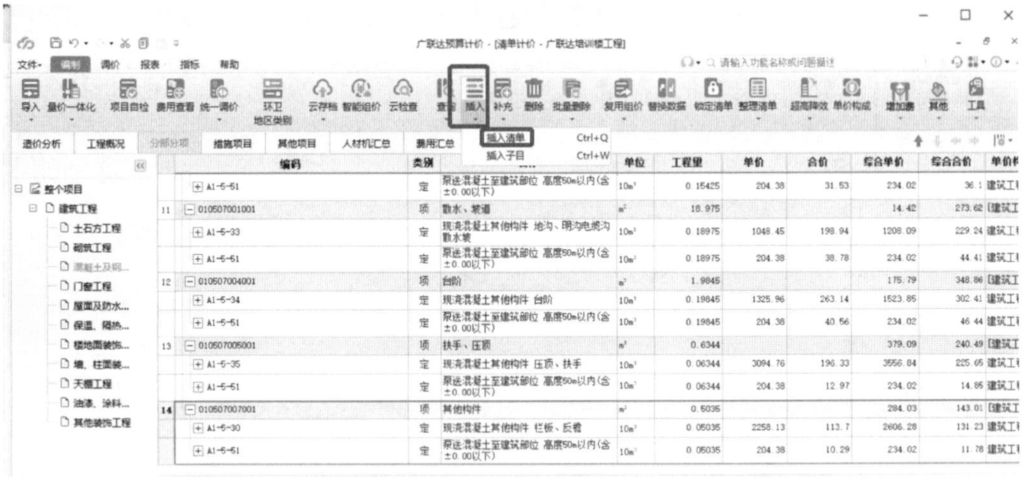
广联达预算计价 - [清单计价 - 广联达培训楼工程]
文件
编制
调价
报表
指标
帮助
请输入功能名称或问题描述
导入
量价一体化
项目自检
费用查看
统一调价
环卫
地区类别
云存档
智能组价
云检查
查询
插入
补充
删除
批量删除
复用组价
替换数据
锁定清单
整理清单
超高降效
单价构成
增加费
其他
工具
插入清单 Ctrl+Q
插入子目 Ctrl+W
造价分析
工程概况
分部分项
措施项目
其他项目
人材机汇总
费用汇总
整个项目
建筑工程
土石方工程
砌筑工程
混凝土及钢...
门窗工程
屋面及防水...
保温、隔热...
楼地面装饰...
墙、柱面装...
天棚工程
油漆、涂料...
其他装饰工程

	编码	类别	名称	单位	工程量	单价	合价	综合单价	综合合价	单价构成
	A1-5-51	定	泵送混凝土至建筑部位 高度50m以内(含±0.00以下)	10m³	0.15425	204.38	31.53	234.02	36.1	建筑工
11	010507001001	项	散水、坡道	m²	18.975			14.42	273.62	建筑工
	A1-5-33	定	现浇混凝土其他构件 地沟、明沟电缆沟散水坡	10m³	0.18975	1048.45	198.94	1208.09	229.24	建筑工
	A1-5-51	定	泵送混凝土至建筑部位 高度50m以内(含±0.00以下)	10m³	0.18975	204.38	38.78	234.02	44.41	建筑工
12	010507004001	项	台阶	m²	1.9845			175.79	348.86	建筑工
	A1-5-34	定	现浇混凝土其他构件 台阶	10m³	0.19845	1325.96	263.14	1523.85	302.41	建筑工
	A1-5-51	定	泵送混凝土至建筑部位 高度50m以内(含±0.00以下)	10m³	0.19845	204.38	40.56	234.02	46.44	建筑工
13	010507005001	项	扶手、压顶	m	0.6344			379.09	240.49	建筑工
	A1-5-35	定	现浇混凝土其他构件 压顶、扶手	10m³	0.06344	3094.76	196.33	3556.84	225.65	建筑工
	A1-5-51	定	泵送混凝土至建筑部位 高度50m以内(含±0.00以下)	10m³	0.06344	204.38	12.97	234.02	14.85	建筑工
14	010507007001	项	其他构件	m³	0.5035			284.03	143.01	建筑工
	A1-5-30	定	现浇混凝土其他构件 栏板、反檐	10m³	0.05035	2258.13	113.7	2606.28	131.23	建筑工
	A1-5-51	定	泵送混凝土至建筑部位 高度50m以内(含±0.00以下)	10m³	0.05035	204.38	10.29	234.02	11.78	建筑工

图 4.1.14

插入清单项后,双击清单行,弹出如图 4.1.15 所示的对话框,根据"钢筋定额表"中的清单和定额编码进行选择。

图 4.1.15

按照上述方法将所有的清单项添加完毕后,如图 4.1.16 所示,就完成了新建计价项目、量价一体化的导入、钢筋清单的添加、清单的整理等任务。

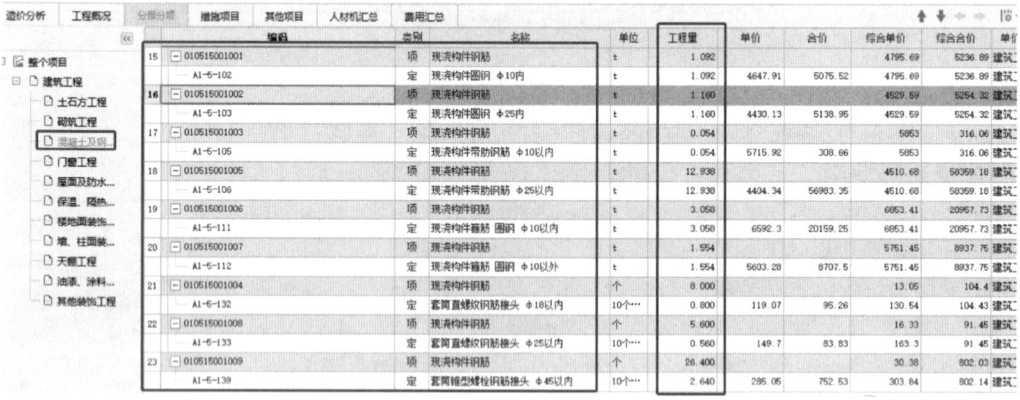

图 4.1.16

任务 2　分部分项工程计价

知识目标

(1)掌握分部分项费用的计取方法;

(2)掌握未计价材料费用的换算原理;

(3)掌握清单精度和定额精度的设置要求。

能力目标

(1)能熟练应用广联达云计价平台 GCCP6.0 进行分部分项费用的计取;

(2)能熟练应用广联达云计价平台 GCCP6.0 进行未计价材料的换算;

(3)能熟练应用广联达云计价平台 GCCP6.0 进行清单精度的设置。

思政素质目标

(1)树立节约造价成本的意识;

(2)培养合理报价的职业素养;

(3)弘扬精益求精的学习精神。

操作流程(1)　操作流程(2)

4.2.1 分部分项页面显示列设置

在分部分项费用编制页面任意位置点击鼠标右键,即可出现如图 4.2.1 所示的对话框。在对话框中选择"页面显示列设置"按钮,弹出如图 4.2.2 所示的对话框。在"页面显示列设置"对话框中,根据项目的实际情况,勾选需要显示的列名称前的方框即可。

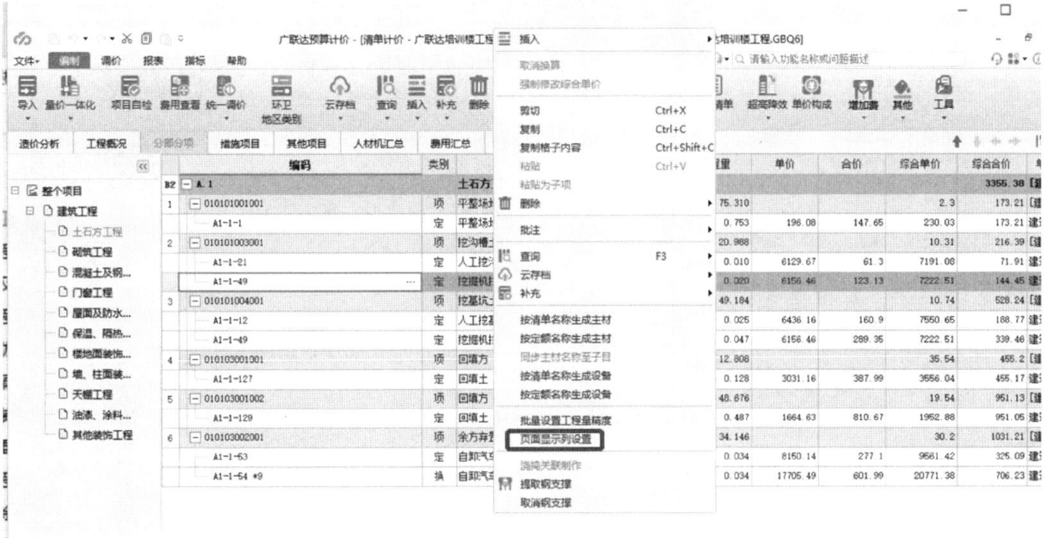

图 4.2.1

为了方便未计价材料的换算和定额的换算,根据实际情况勾选"项目特征"列,点击"确定"即可,如图 4.2.3 所示。

【提示】只有类别为"项"的清单行才可以填写项目特征,类别为"定"的定额行是无法填写项目特征的。

4.2.2 工程量精度设置

根据中华人民共和国国家标准《房屋建筑与装饰工程工程量计算规范》(GB 50854—2013)第 3.0.4 条规定:工程计量时每一项目汇总的有效位数应遵守下列规定:

(1)以"t"为单位,应保留小数点后三位数字,第四位小数四舍五入;

(2)以"m""m²""m³""kg"为单位,应保留小数点后两位数字,第三位小数四舍五入。

(3)以"个""件""根""组""系统"为单位,应取整数。

图 4.2.2

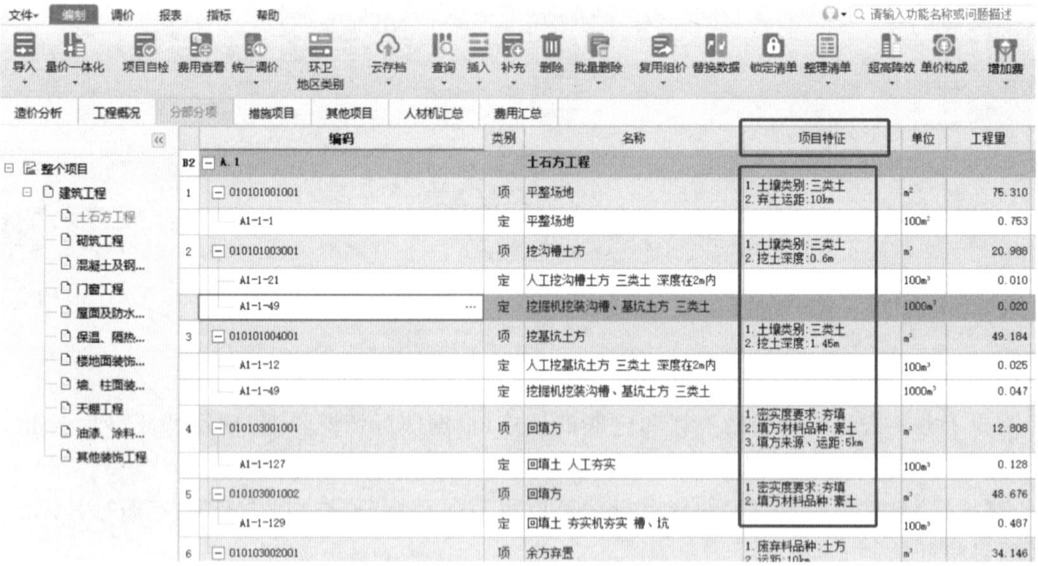

图 4.2.3

　　根据以上规定,在软件操作的界面,选中需要修改小数位数的清单项后,点击鼠标右键,会弹出如图 4.2.4 所示的对话框,点击"批量设置工程量精度",在弹出的如图 4.2.5 所示的对话框中将"清单精度"设置成"2",点击"确定"即可。其他的清单小数位数按照上述方法根据规范要求进行相同操作即可,如图 4.2.6 所示。

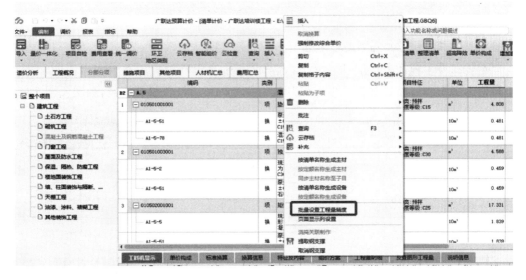

图 4.2.4

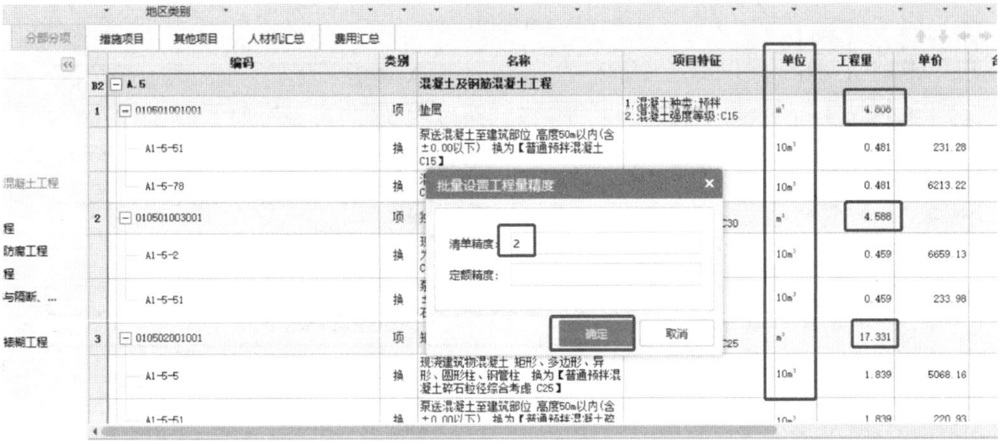

图 4.2.5

图 4.2.6

4.2.3 未计价材料费用的换算

广东省建设工程计价依据——《广东省房屋建筑与装饰工程综合定额（2018）》"预拌混凝土价格参考表和商品砂浆价格参考表"中，给每种材料进行了材料编码，如图4.2.7所示。

单位：元/m³

材料编码	8021901	8021902	8021903	8021904	8021905	8021906	8021907	8021908	8021909	8021910	8021911
材料名称	普通预拌混凝土										
	碎石粒径综合考虑										
	C10	C15	C20	C25	C30	C35	C40	C45	C50	C55	C60
材料价格	302	310	322	331	340	353	367	381	394	414	434

图 4.2.7

在软件上方的操作导航栏找到"其他"，点击"展开到"下拉列表中的"主材设备"，会出现未计价材料行，如图4.2.8所示。判断"未计价材料"的依据是"单价"为"0"且未进行材料关联。

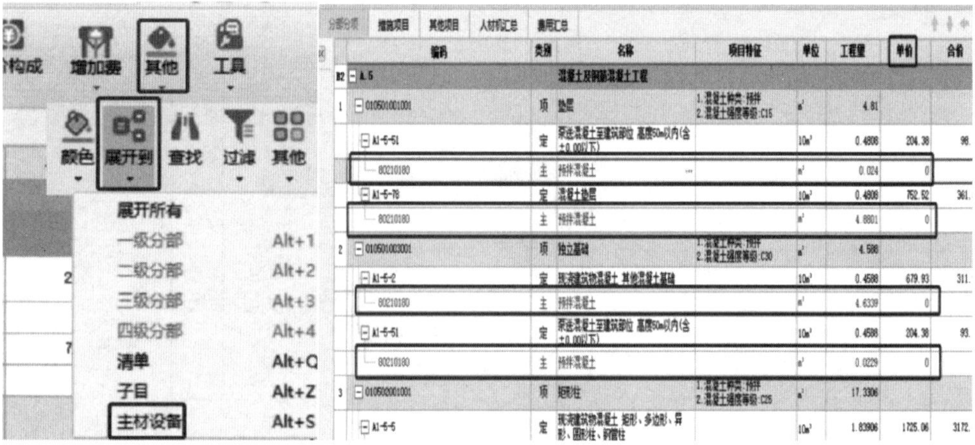

图 4.2.8

双击未计价材料行的材料编码，弹出如图4.2.9所示的材料页面，内容包括材料大类、材料编码、材料名称、规格型号等信息。这里显示的材料编码和《广东省房屋建筑与装饰工程综合定额（2018）》中的"预拌混凝土价格参考表和商品砂浆价格参考表"的编码是一致的。因此，可以根据《广东省房屋建筑与装饰工程综合定额（2018）》中的"预拌混凝土价格参考表和商品砂浆价格参考表"的材料编码，快速地找到软件中的未计价材料。

未计价材料费的换算，需要依据清单的项目特征进行选择，如图4.2.10所示：垫层使用的是强度为C15混凝土。在"预拌混凝土价格参考表和商品砂浆价格参考表"中（图4.2.1），C15的预拌混凝土材料编码为"8021902"。

在弹出的对话框左侧找到"8021普通混凝土"，在右侧找到编码为"8021902"的材料——C15混凝土，点击右上角的"替换"，即完成了未计价材料费的换算，如图4.2.11所示。

换算完后的定额行"类别"由原来的"定"变成"换"，即完成了未计价材料的换算，选中定额行后，点击下列的"换算信息"，会看到具体的材料换算信息，如图4.2.12所示。按照上述方法将其他未计价材料进行换算即可。

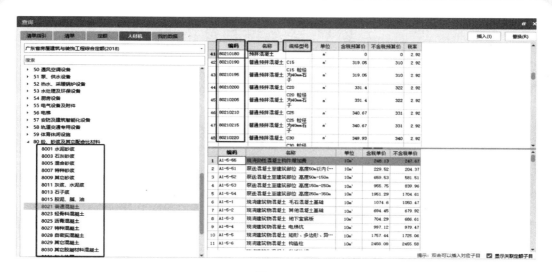

图 4.2.9

图 4.2.10

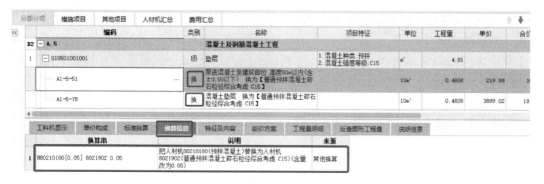

图 4.2.11

图 4.2.12

任务 3　措施项目计价

知识目标

(1)掌握措施项目的费用组成；

(2)掌握需要按照定额进行套价的费用项类别；

(3)掌握需要按照费率进行计算的费用项类别。

能力目标

(1)能熟练应用广联达云计价平台 GCCP6.0 进行措施项目的开项；

(2)能熟练应用广联达云计价平台 GCCP6.0 进行两大类措施项目的组价；

(3)能熟练应用广联达云计价平台 GCCP6.0 进行措施项目的费用设置。

思政素质目标

(1)引导合理控制周转成本的意识；

(2)培养团队协作的职业素养；

(3)弘扬刻苦钻研的学习精神。

操作流程

　　绿色施工安全防护措施费是在现阶段建设施工过程中,为达到绿色施工和安全防护标准,需要实施实体工程之外的措施性项目而发生的费用,主要内容包括以下两个方面:一是按照国家现行的建筑施工安全、施工现场环境与卫生标准和有关规定,购置和更新施工安全防护用具及设施、改善安全生产条件和作业环境所需要的费用;二是在保证质量、安全等基本要求的前提下,项目实施中通过科学管理和技术进步,最大限度地节约资源,减少对环境影响,实现环境保护、节能与能源利用、节材与材料资源利用、节水与水资源利用、节地与土地资源保护,达到广东省《建筑工程绿色施工评价标准》(DBJ/T 15—97—2013)所需要的措施性费用。绿色施工安全防护措施费属于不可竞争费用,工程计价时应单独列项并按定额相应项目及费率计算。

4.3.1　按定额计算的措施费

　　根据施工图纸、方案及施工组织设计等资料,以下 13 项绿色施工安全防护措施费项目按相关定额子目计算:综合脚手架、靠脚手架安全挡板、密目式安全网、围尼龙编织布、模板的支架、施工现场围挡和临时占地围挡、施工围挡照明、临时钢管架通道、独立安全防护挡板、吊装设备基础、防尘降噪绿色施工防护棚、施工便道、样板引路。

　　点击“措施项目”,在页面上显示出 1.1~1.13 共 13 条需要按照定额计算的措施项,如图 4.3.1 所示。

　　在一个完整的项目中,以上 13 条措施项目费用并不是每一条都需要进行计算,应根据施工图纸、方案及施工组织设计等进行套价。这里以综合钢脚手架为例,对按定额计算的措施费进行清单定额组价。

　　双击如图 4.3.2 所示的位置,会弹出如图 4.3.3 所示的对话框,根据指引选择“措施项目—脚手架工程—粤 011701008 综合钢脚手架”,勾选定额“A1-21-2”前的方框,点击右上角的“替换清单”即可。

　　根据实际情况在“项目特征”和“工程量”填入具体数值,如图 4.3.4 所示,即完成本条清单的开项和套价。按照上述方法将其他所需要的措施项目开项即可。

造价分析	工程概况	分部分项	措施项目	其他项目	人材机汇总	费用汇总			
	编码	类别	名称	单位	项目特征	组价方式		计算基数	
	-		措施项目						
	- 1		绿色施工安全防护措施费						
1	+ 1.1		综合脚手架	项		清单组价			
3	+ 1.2		靠脚手架安全挡板	项		清单组价			
5	+ 1.3		密目式安全网	项		清单组价			
7	+ 1.4		围尼龙编织布	项		清单组价			
9	+ 1.5		模板的支架	项		清单组价			
11	+ 1.6		施工现场围挡和临时占地围挡	项		清单组价			
13	+ 1.7		施工围挡照明	项		清单组价			
15	+ 1.8		临时钢管架通道	项		清单组价			
17	+ 1.9		独立安全防护挡板	项		清单组价			
19	+ 1.10		吊装设备基础	项		清单组价			
21	+ 1.11		防尘降噪绿色施工防护棚	项		清单组价			
23	+ 1.12		施工便道	项		清单组价			
25	+ 1.13		样板引路	项		清单组价			
27	LSSGCSF00001		绿色施工安全防护措施费	项		计算公式组价		RGF+JXF	

图 4.3.1

造价分析	工程概况	分部分项	措施项目	其他项目	人材机汇总	费用汇总				措施模板·建筑工程·广东13规范	
	编码	类别	名称	单位	项目特征	组价方式	计算基数	费率(%)	工程量	综合单价	综
	-		措施项目								
	- 1		绿色施工安全防护措施费								
	- 1.1		综合脚手架	项		清单组价			1	0	
	-			项		可计量清单			1	0	
		定							0	0	

图 4.3.2

图 4.3.3

图 4.3.4

在措施项目页面的最下端，找到由"量价一体化"导入的"模板"清单项，如图 4.3.5 所示。选中后点击右键"剪切"，并再次右键将其"粘贴"到"2.5"的模板费用位置，如图 4.3.6 所示。

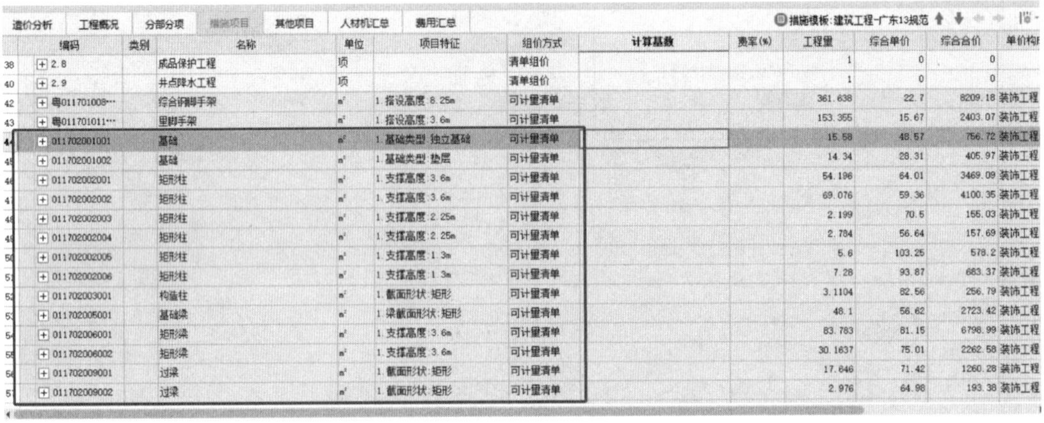

图 4.3.5

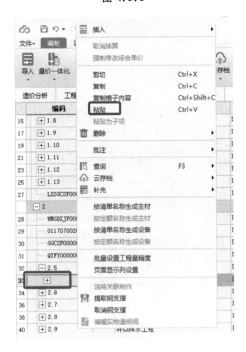

图 4.3.6

粘贴完毕后如图 4.3.7 所示。选中"2.5 模板工程"，点击鼠标右键应弹出的对话框中选中"提取钢支撑"，如图 4.3.8 所示。弹出如图 4.3.9 所示的对话框，点击"确定"按钮后，钢支撑的费用会在"2.5 模板工程"中扣除后,自动添加到"1.5"钢支撑费用处,如图 4.3.10 所示。

	编码	名称	单位	项目特征	组价方式	计算基数	费率(%)	工程量	综合单价	综合合价	单价构成文件
29	011707002001	夜间施工增加费	项		计算公式组价		20	1	0	0	缺省模板(实物…
30	GGCSF0000001	赶工措施费	项		计算公式组价	RGF+JXF		1	0	0	缺省模板(实物…
31	QTFY00000001	其他费用	项		计算公式组价			1	0	0	缺省模板(实物…
32	□ 2.5	模板工程	项		清单组价			1	37251.74	37251.74	
33	⊞ 011702001001	基础	m²	1.基础类型:独立基础	可计量清单			15.58	48.57	756.72	装饰工程
34	⊞ 011702001002	基础	m²	1.基础类型:垫层	可计量清单			14.34	28.31	405.97	装饰工程
35	⊞ 011702002001	矩形柱	m²	1.支撑高度:3.6m	可计量清单			54.196	64.01	3469.00	装饰工程
36	⊞ 011702002002	矩形柱	m²	1.支撑高度:3.6m	可计量清单			69.076	59.36	4100.35	装饰工程
37	⊞ 011702002003	矩形柱	m²	1.支撑高度:2.25m	可计量清单			2.199	70.5	155.03	装饰工程
38	⊞ 011702002004	矩形柱	m²	1.支撑高度:2.25m	可计量清单			2.784	56.64	157.69	装饰工程
39	⊞ 011702002005	矩形柱	m²	1.支撑高度:1.3m	可计量清单			5.6	103.25	578.2	装饰工程
40	⊞ 011702002006	矩形柱	m²	1.支撑高度:1.3m	可计量清单			7.28	93.87	683.37	装饰工程
41	⊞ 011702003001	构造柱	m²	1.截面形状:矩形	可计量清单			3.1104	82.56	256.79	装饰工程
42	⊞ 011702005001	基础梁	m²	1.梁截面形状:矩形	可计量清单			48.1	56.62	2723.42	装饰工程
43	⊞ 011702006001	矩形梁	m²	1.支撑高度:3.6m	可计量清单			83.783	81.15	6798.99	装饰工程
44	⊞ 011702006002	矩形梁	m²	1.支撑高度:3.6m	可计量清单			30.1637	75.01	2262.58	装饰工程
45	⊞ 011702009001	过梁	m²	1.截面形状:矩形	可计量清单			17.646	71.42	1260.28	装饰工程
46	⊞ 011702009002	过梁	m²	1.截面形状:矩形	可计量清单			2.976	64.98	193.38	装饰工程

图 4.3.7

	编码	名称	单位	项目特征	组价方式		
29	011707002001	夜间施工增加费	项		计算公式组价	复制	Ctrl+C
30	GGCSF0000001	赶工措施费	项		计算公式组价	复制格子内容	Ctrl+Shift+
31	QTFY00000001	其他费用	项		计算公式组价	粘贴	Ctrl+V
32	□ 2.5	模板工程	项		清单组价	粘贴为子项	
33	⊞ 011702001001	基础	m²	1.基础类型:独立基础	可计量清单	删除	
34	⊞ 011702001002	基础	m²	1.基础类型:垫层	可计量清单		
35	⊞ 011702002001	矩形柱	m²	1.支撑高度:3.6m	可计量清单	查询	F3
36	⊞ 011702002002	矩形柱	m²	1.支撑高度:3.6m	可计量清单	云存档	
37	⊞ 011702002003	矩形柱	m²	1.支撑高度:2.25m	可计量清单	补充	
38	⊞ 011702002004	矩形柱	m²	1.支撑高度:2.25m	可计量清单		
39	⊞ 011702002005	矩形柱	m²	1.支撑高度:1.3m	可计量清单	按清单名称生成干材	
40	⊞ 011702002006	矩形柱	m²	1.支撑高度:1.3m	可计量清单	按定额名称生成干材	
41	⊞ 011702003001	构造柱	m²	1.截面形状:矩形	可计量清单	按清单名称生成设备	
42	⊞ 011702005001	基础梁	m²	1.梁截面形状:矩形	可计量清单	按定额名称生成设备	
43	⊞ 011702006001	矩形梁	m²	1.支撑高度:3.6m	可计量清单		
44	⊞ 011702006002	矩形梁	m²	1.支撑高度:3.6m	可计量清单	批量设置工程量精度	
45	⊞ 011702009001	过梁	m²	1.截面形状:矩形	可计量清单	页面显示列设置	17.6
46	⊞ 011702009002	过梁	m²	1.截面形状:矩形	可计量清单	清缝关联制作	2.9
						提取钢支撑	
						取消钢支撑	
						调缝实物量明细	

图 4.3.8

成功

模板子目下钢支撑材料提取成功,请到措施项目中查看!

确定

图 4.3.9

	编码	名称	单位	项目特征	组价方式	计算基数	费率(%)	工程量	综合单价	综合合价	单价构成文
□		措施项目								62410.31	
□ 1		绿色施工安全防护措施费								15927.9	
1	⊞ 1.1	综合脚手架	项		清单组价			1	0	0	
3	⊞ 1.2	悬挑脚手架安全挡板	项		清单组价			1	0	0	
5	⊞ 1.3	密目式安全网	项		清单组价			1	0	0	
7	⊞ 1.4	围尼龙编织布	项		清单组价			1	0	0	
9	□ MBZC001	模板的支架	t		可计量清单			0.3556686	3880	1379.99	[建筑工程]
	GZC-001	钢支撑	kg		清单组价			355.6686	3.88	1379.99	[建筑工程]
10	⊞ 1.6	施工现场围挡和临时占地围挡	项		清单组价			1	0	0	
12	⊞ 1.7	施工围挡照明	项		清单组价			1	0	0	
14	⊞ 1.8	临时消音设施	项		清单组价						

图 4.3.10

这里重点讲述了脚手架、模板、钢支撑费用的计取方法,其他措施的开项按照上述方法根据项目的实际情况添加即可。

4.3.2 按费率计算的措施费

广东省建设工程计价依据——《广东省房屋建筑与装饰工程综合定额(2018)》"措施其他项目费用标准"中,给出了文明工地增加费、夜间施工增加费、赶工措施费、其他费用的费率标准。这里以"文明工地增加费"为例进行计费,如图4.3.11所示。"文明工地增加费"的计算基础为"分部分项的(人工费+施工机具费)","建筑工程"下的"市级文明工地"的费用标准为"1.20"。

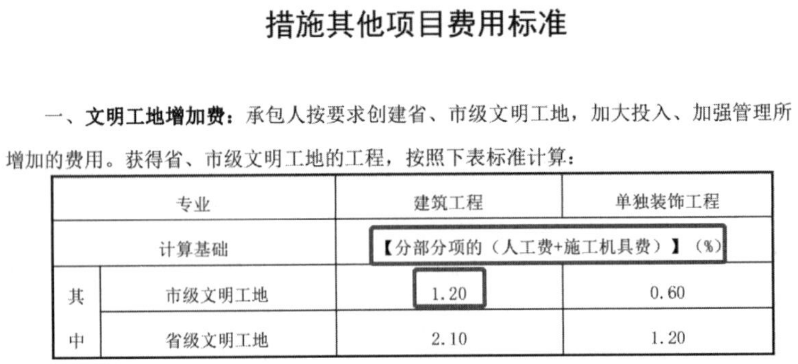

措施其他项目费用标准

一、**文明工地增加费:**承包人按要求创建省、市级文明工地,加大投入、加强管理所增加的费用。获得省、市级文明工地的工程,按照下表标准计算:

专业		建筑工程	单独装饰工程
计算基础		【分部分项的(人工费+施工机具费)】(%)	
其	市级文明工地	1.20	0.60
中	省级文明工地	2.10	1.20

图4.3.11

鼠标左键点击"文明工地增加费"所在行的"计算基数",选择"RGF+JXF"(分部分项人工费+机械费),在"费率(%)"中填入"1.2",如图4.3.12所示。需要注意的是填入"1.2"即可,不能填入"1.2%",软件默认已经加入"%"。

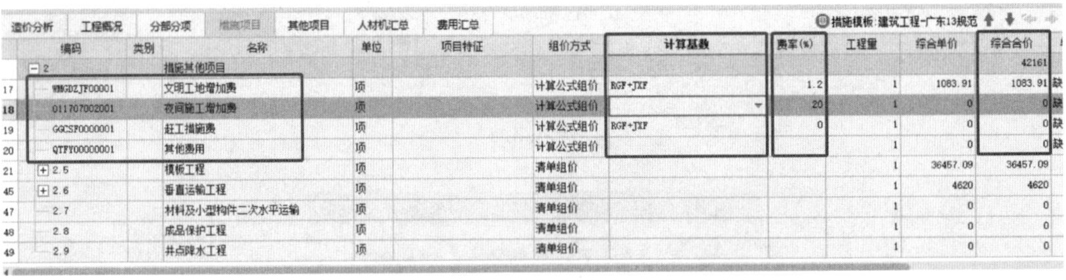

图4.3.12

任务4　其他项目计价

知识目标

(1)掌握其他项目费用的软件计取流程;

(2)掌握其他项目费用的内容组成、概念、作用;

(3)掌握其他项目费用的费率标准。

能力目标

(1)能熟练应用广联达云计价平台GCCP6.0进行其他项目费用的计取;

(2)能熟练应用广联达云计价平台GCCP6.0进行其他项目费用的费率设置;

（3）能熟练应用广联达云计价平台 GCCP6.0 进行计日工、总承包服务费、工程优质费等费用的计算。

思政素质目标

（1）树立节约造价成本的意识；

（2）培养工程计价的专业沟通能力；

（3）培养认真细致的学习精神。

操作流程

根据广东省建设工程计价依据《广东省房屋建筑与装饰工程综合定额（2018）》"其他项目"规定：

（1）本章列出其他项目名称、费用标准、计算方法和说明，供工程招投标双方参考，合同有约定的按合同约定执行；

（2）其他项目费中的暂列金额、暂估价和计日工数量，均为估算、预测数，虽计入工程造价中，但不为承包人所有，工程结算时，应按合同约定计算，剩余部分仍归发包人所有；

（3）暂估价中的材料单价应按发承包双方最终确认价进行调整，专业工程暂估价应按中标价或发承包与分包人最终确认价计算；

（4）计日工是指在施工过程中，完成发包人提出的施工图纸以外的零星项目或工作所消耗的人工、材料、机具，按合同的约定计算；

（5）总承包服务费应依据合同约定金额计算，如发生调整的，以发承包双方确认调整的金额计算；

（6）工程优质费是指承包人按照发包人的要求创建优质工程，增加投入与管理发生的费用；

（7）其他项目，各市有标准者，从其规定。各市没标准者，按本章规定计算。

广联达云计价平台 GCCP6.0 中的其他项目费用计价开项如图 4.4.1 所示。

造价分析	工程概况	分部分项	措施项目	其他项目	人材机汇总	费用汇总			其他项目模板：其他项目费用—疁筑
新建独立费	《《	序号	名称	计算基数	费率(%)	金额	费用类别	不可竞争费	不计入合价	备注
其他项目		1	其他项目			78389.88				
暂列金额		2	ZLJ	暂列金额	暂列金额	34847.98	暂列金额	□	□	
专业工程暂估价		3	ZGJ	暂估价	ZGJCLXJ+专业工程暂估价	20000	暂估价	□	☑	
计日工费用		4	ZGC	材料暂估价	ZGJCLXJ	0	材料暂估价	□	☑	
总承包服务费		5	ZGGC	专业工程暂估价	专业工程暂估价	20000	专业工程暂估价	□	□	
签证与索赔计价表		6	LXF	计日工	计日工	2700	计日工	□	□	
工程优质费		7	ZCBFWF	总承包服务费	总承包服务费	0	总承包服务费	□	□	
预算包干费		8	YSBGF	预算包干费	预算包干费	6322.03	预算包干费	□		按分部分项
概算幅度差		9	GCYZF	工程优质费	工程优质费	4064.68	工程优质费	□		按分部分项
其他费用		10	GSFDC	概算幅度差	概算幅度差	10454.39	概算幅度差	□		按分部分项
		11	XCQZFY	现场签证费用	现场签证	0	现场签证	□		现场签证
		12	SPFY	索赔费用	索赔	0	索赔	□		
		13	QTFY	其他费用	其他费用	0	其他费用	□		按实际发生…

图 4.4.1

4.4.1　暂列金额的计取

暂列金额是发包人暂定并包括在合同价款中的一笔款项，用于施工合同签订时尚未确定或者不可预见的所需材料、设备、服务的采购，施工中可能发生的工程变更、合同约定调整因素出现时的工程价款调整以及发生的索赔、现场签证确认等的费用。招标控制价和施工图预算具体由发包人根据工程特点确定，发包人没有约定时，按分部分项工程费的 10% 计算，结算按实际发生数额计算。

点击左侧导航栏"其他项目"下的"暂列金额"，在弹出的暂列金额页面，将"计算基数"改成"FBFXHJ"（分部分项合计），将"费率（％）"填上"10"，自动计算"不含税暂定金额"，如图4.4.2所示。

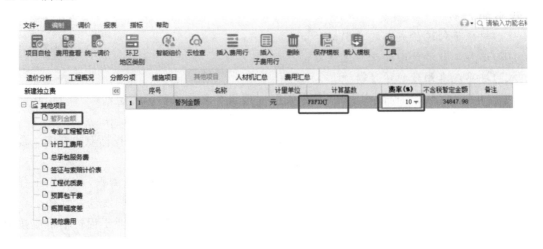

图 4.4.2

4.4.2 计日工的计取

计日工的数量和单价按照《广东省房屋建筑与装饰工程综合定额（2018）》相关规定进行计取：预计数量由发包人根据拟建工程的具体情况，列出人工、材料、机具的名称、计量单位和相应数量，招标控制价和预算中计日工单价按工程所在地的工程造价信息计列，工程造价信息没有的，参考市场价格确定。工程结算时，工程量按承包人实际完成的工作量计算；单价按合同约定的计日工单价，合同没有约定的，按工程所在地的工程造价信息计列（其中人工按总说明签证用工规定执行）。

点击左侧导航栏中的"计日工费用"，在右侧的"计日工费用"明细中进行信息输入。根据项目的实际情况在"1.1"中输入"名称"为"清洁工（杂工）"，"单位"选择"工日"，"数量"输入"10"，"单价"输入"160"，"合价"即会根据输入的"数量"和"单价"自动生成，如图4.4.3所示。

	序号	名称	单位	数量	单价	合价	备注
1		计日工费用				2700	
2	1	人工				2700	
3	1.1	清洁工（杂工）	工日	10	160	1600	
4	1.2	小工	工日	5	220	1100	
5	2	材料				0	
6	2.1					0	
7	3	施工机具				0	
8	3.1						

图 4.4.3

4.4.3 工程优质费的计取

发包人要求承包人创建优质工程，招标控制价和预算应按规定计列工程优质费。经有关部门鉴定或评定达到合同要求的，工程结算应按照合同约定计算工程优质费，合同没有约定的，参照以下规定计算，如图4.4.4所示。

工程质量	市级质量奖	省级质量奖	国家级质量奖
计算基础	分部分项的（人工费+施工机具费）		
费用标准（%）	4.50	7.50	12.00

图 4.4.4

点击左侧导航栏中的"工程优质费"，在右侧的"名称"中输入"工程优质费"，"取费基数中"根据图 4.4.4 所示的"计算基础"选择"RGF＋JXF"（人工费＋机械费），根据项目所要达到的质量标准选择对应的"费用标准(%)"，这里按照项目所要达到的质量标准为"市级质量奖"，则选择"费率(%)"为"4.5"。在填入到软件的费率中时，只需要输入"4.5"，不需要输入"%"。工程优质费的取费如图 4.4.5 所示。

图 4.4.5

4.4.4 预算包干费的计取

预算包干费内容一般包括施工雨（污）水的排除、因地形影响造成的场内料具二次运输、20 m 高以下的工程用水加压措施、施工材料堆放场地的整理、机电安装后的补洞（槽）工料、工程成品保护、施工中的临时停水停电、基础埋深 2 m 以内挖土方的塌方、日间照明施工增加（不包括地下室和特殊工程）、完工清场后的垃圾外运等产生的费用。预算包干费一般按分部分项的人工费与施工机具费之和的 7% 计算。

点击左侧导航栏中的"预算包干费"，在右侧的"名称"中输入"预算包干费"，"取费基数中"根据上述内容选择"RGF＋JXF"（人工费＋机械费），"费率(%)"为"7"。在填入软件的费率时，只需要输入"7"，不需要输入"%"。预算包干费的取费如图 4.4.6 所示。

图 4.4.6

按照上述方法,根据项目的实际情况填写完后,其他项目计价费用汇总如图 4.4.7 所示。

	序号	名称	计算基数	费率(%)	金额	费用类别	不可竞争费	不计入合价	备注
1	☐	其他项目			78389.88		☐	☐	
2	ZLF	暂列金额	暂列金额		34847.98	暂列金额	☐	☐	
3	ZGJ	暂估价	ZGJCLHJ+专业工程暂估价		20000	暂估价	☐	☑	
4	ZGC	材料暂估价	ZGJCLHJ		0	材料暂估价	☐	☑	
5	ZGGC	专业工程暂估价	专业工程暂估价		20000	专业工程暂估价	☐	☐	
6	LXF	计日工	计日工		2700	计日工	☐	☐	
7	ZCBFWF	总承包服务费	总承包服务费		0	总承包服务费	☐	☐	
8	YSBGF	预算包干费	预算包干费		6322.83	预算包干费	☐	☐	按分部分项…
9	GCYZF	工程优质费	工程优质费		4064.68	工程优质费	☐	☐	按分部分项…
10	GSFDC	概算幅度差	概算幅度差		10454.39	概算幅度差	☐	☐	按分部分项…
11	XCQZFY	现场签证费用	现场签证		0	现场签证	☐	☐	
12	SPFY	索赔费用	索赔		0	索赔	☐	☐	
13	QTFY	其他费用	其他费用		0	其他费用	☐	☐	按实际发生…

图 4.4.7

任务 5　人材机市场价调整

知识目标

(1)掌握定额价和市场价的区别;

(2)熟知市场价的来源;

(3)掌握主材的定义。

能力目标

(1)能熟练应用广联达云计价平台 GCCP6.0 进行市场价的载入;

(2)能熟练应用广联达云计价平台 GCCP6.0 进行市场价调整;

(3)能熟练应用广联达云计价平台 GCCP6.0 进行主材的设置。

思政素质目标

(1)培养对建材价值的判断能力;

(2)培养询价的专业沟通能力;

(3)培养对数字造价的敏感性和洞察力。

操作流程

4.5.1　载入信息价

广联达软件的"广材助手"软件,提供了不同的价格信息,如图 4.5.1 所示。"信息价"是由政府发布的价格信息;"广材网市场价"是由供应商提供的市场价格信息,不同的供应商因其产能、规模、地理位置、供应链等的不同,报价也会相差较大。为了减少在项目实施过程中甲乙双方的材料价格争议,通常以"信息价"为依据来解决争议。

图 4.5.1

在 GCCP6.0 软件界面,鼠标左键点击"人材机汇总",如图 4.5.2 所示。点击如图 4.5.3 所示的"载价—批量载价"。

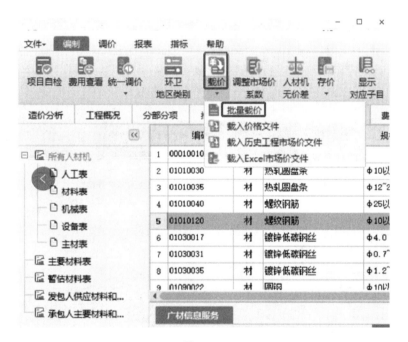

图 4.5.2

图 4.5.3

弹出如图 4.5.4 所示的"选择数据包"对话框,根据项目所处的城市以及所需要的时间月份进行选择后,点击"下一步"。弹出如图 4.5.5 所示的"调整材料价格"对话框,点击"下一步"。弹出如图 4.5.6 所示的"完成"对话框,点击"完成"按钮即完成信息价的载入。

4.5.2 设置主材

GCCP6.0 软件提供了设置主材的三种方式:按照材料价值大小、按照材料所占的百分比例、按照主材和设备。

图 4.5.4

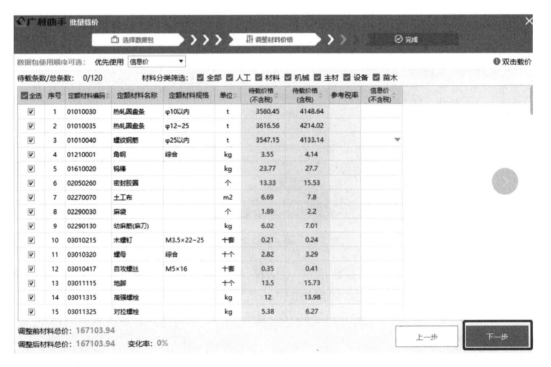

图 4.5.5

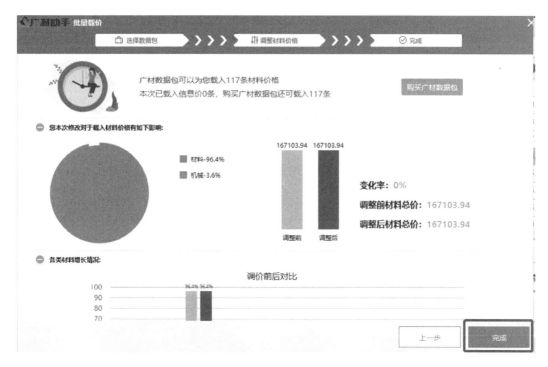

图 4.5.6

鼠标左键点击"人材机汇总",在左侧导航栏选择"主要材料表",在任意位置点击鼠标右键,选择"自动设置主要材料"的按钮,如图 4.5.7 所示。

图 4.5.7

在弹出的如图 4.5.8 所示的对话框中,可以选择三种主材设置的方式,在这里选择"方式一",将"方式一:取材价值前 20 位的材料"前的圆圈点选后,点击"确定"按钮,就会弹出如图 4.5.9 所示的 20 位主材。这里需要注意的是"20"这个数据可以根据实际情况进行修改。如果只需要显示材料价值前 5 的材料,则可以将"20"改成"5"。

图 4.5.8

图 4.5.9

任务 6　核查报价与导出报表

知识目标

(1)掌握造价文件的类别和作用;

(2)掌握造价费用的检查方式;

(3)掌握造价文件的导出方法。

能力目标

(1)能够熟练核查计价项目报价的合理性并修正错误;

(2)能够熟练应用广联达云计价平台 GCCP6.0 计取工程造价费用;

(3)能够熟练应用广联达云计价平台 GCCP6.0 导出工程造价文件。

思政素质目标

(1)引导学以致用的本能反应;

(2)培养数字造价的逻辑思维;

(3)树立严谨细致的职业精神。

操作流程

4.6.1　核查报价

在"核查报价"环节,主要是根据合同和图纸,检查是否有漏项、是否有合价为"0"的清单行、造价费用组成是否合理等,需要不断积累经验和各种造价指标才能更好地做好核查工作。

点击"费用汇总",找到"总造价"行的"金额",用逆向思维去判断总造价的计算方式,总造价＝分部分项合计＋措施合计＋其他项目合计＋增值税销项税额。分部分项合计在任务4.2中进行了计算,措施合计在任务4.3中进行了计算,其他项目在任务4.4中进行了计算,因此这里还需要进行"增值税销项税额"的税率设置。实行"营改增"后,税率也在根据市场不断进行调整,这里以现行税率9%进行设置,如图4.6.1所示。在实际编制造价文件中,还需要根据合同进行调整。

	序号	费用代号	名称	计算基数	基数说明	费率(%)	金额	费用类别
1	⊞ 1	_FHJ	分部分项合计	FBFXHJ	分部分项合计		348,479.78	分部分项合计
3	⊞ 2	_CHJ	措施合计	_AQWMSGF+_QTCSF	绿色施工安全防护措施费+其他措施费		72,194.02	措施项目合计
6	⊞ 3	_QTXM	其他项目	QTXMHJ	其他项目合计		78,389.88	其他项目合计
17	4	_SQGCZJ	税前工程造价	_FHJ+_CHJ+_QTXM	分部分项合计+措施合计+其他项目		499,063.68	
18	5	_SJ	增值税销项税额	_FHJ+_CHJ+_QTXM	分部分项合计+措施合计+其他项目	9	44,915.73	税金
19	6	_ZZJ	总造价	_FHJ+_CHJ+_QTXM+_SJ	分部分项合计+措施合计+其他项目+增值税销项税额		543,979.41	工程造价
20	7	_RGF	人工费	RGF+JSCS_RGF	分部分项人工费+技术措施项目人工费		111,566.98	人工费

图 4.6.1

4.6.2 报表类别

点击如图4.6.2所示的"报表",软件提供了四种报表类型:工程量清单、投标方、招标控制价、其他。

图 4.6.2

"工程量清单"类别的报表,只提供清单工程量,没有"综合单价"和"综合合价",点击如图4.6.3所示的左侧导航栏"工程量清单—表-08 分部分项和单价措施项目清单与计价表"即可查看。"工程量清单"类别的报表适用于甲乙双方需要对量的情况和甲方编制招标模拟清单并由投标方进行报价的情况。

"投标方"类别的报表,既提供了清单工程量,又有"综合单价"和"综合合价",点击如图4.6.4所示的左侧导航栏"投标方—表-08 分部分项和单价措施项目清单与计价表"即可查看,也可分别点击左侧导航栏中的表格,查看投标报价文件的表格组成。"投标方"类别的报表适用于乙方需要投标编制投标文件的情况。

"招标控制价"和"其他"类别的报表按照上述方法查看。"招标控制价"类别的报表适用于甲方编制控制价和标底的情况。

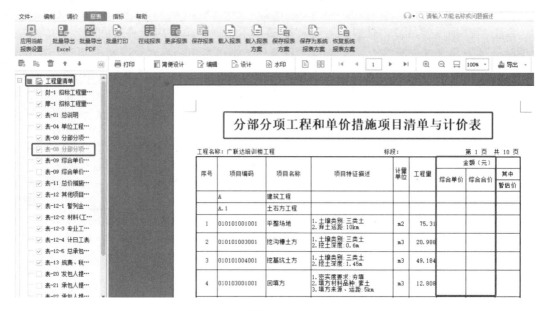

图 4.6.3

图 4.6.4

4.6.3 导出报表

　　点击"报表",可以根据需求选择"批量导出 Excel"或"批量导出 PDF",如图 4.6.5 所示。
　　这里选择"批量导出 Excel"后,弹出如图 4.6.6 所示的对话框。在"报表类型"后的下拉框中,选择"投标方",在"投标方"的模式下,"表-08 分部分项工程和单价措施项目清单与计价表"有三种模式,"表-09 综合单价分析表"有两种模式。这几种模式的计价费用是一致的,只需要根据实际情况选择其中一种即可,点击"导出选择表",根据需要选择合适的保存路径,完成报表导出。

图 4.6.5

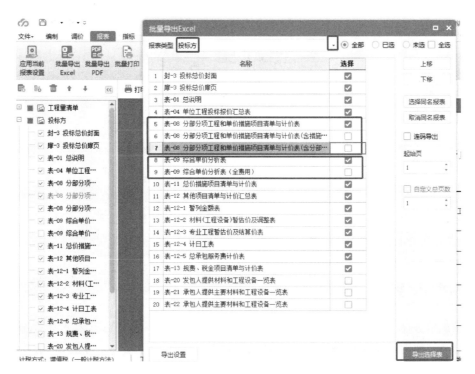

图 4.6.6

模块五 工程造价数字化应用职业技能等级证书考试

任务 1 学练指南

工程造价数字化应用职业技能等级证书于 2022 年通过了职业教育国家学分银行同意的"证书学习成果认定办法"。申请了工程造价数字化应用职业技能等级证书考核站点的试点院校,教师可自行组织学生参加考前学练及摸底测试,工程造价数字化应用职业技能等级证书考试学练指南如下。

5.1.1 闯关练习方式

工程造价数字化应用职业技能等级题库位于"广联达数字建筑百万人才考试端"的"1＋X 学练专区",如图 5.1.1 所示。个人注册"广联达数字建筑百万人才考试端"的账号后,即可自由登录进行题库练习,如图 5.1.2 所示。

5.1.2 云锁申请流程

云锁由负责教师统一申请,教师登录广联达毕有得官方网站(https://build.glodonedu.com/),点击主界面右上角的"个人中心"进入"测评认证平台",在"测评认证平台"主界面点击左侧主菜单中的"训练场",选择"1＋X 学练闯关",点击"申请云锁",如图 5.1.3 所示,即可为学生申请为期 30 天的学练云锁。

云锁申请支持批量申请及个人申请,教师可按实际情况进行申请。当前云锁申请规则如下:

(1)申请账号须在"广联达数字建筑百万人才考试端—1＋X 学练专区"内完成初、中、高级科目下任意级别第一关卡,且成绩＞0,否则无法申请;

图 5.1.1

图 5.1.2

（2）单次可申请 30 天云锁，过期后可再次申请，单个账号最多申请 5 次，请各位教师注意合理安排学练时间；

（3）单个账号云锁有效期内多次申请，以最长授权期为准；

图 5.1.3

（4）申请成功后，默认云锁账号为登录手机号，默认密码为 8 个 8（已修改密码的按修改后密码登录），请下载广联达加密锁驱动登录；

（5）云锁授权仅用于 1＋X 涉及科目学练，不含除北京规则外的其他地区规则。

5.1.3　查看学练成绩

学生完成学练后，如果教师需要查看该学生的学练情况，可将其加入群组，即可选择对应的关卡，查看学生的学练成绩，并支持一键导出。

教师把学生导入群组，具体操作如图 5.1.4 所示。

图 5.1.4

教师可以查看群组内学生的当前关卡成绩，如图 5.1.5 所示。

图 **5.1.5**

5.1.4　软件下载

　　登录广联达毕有得官方网站,点击"技能认证"菜单下拉列表中的"1＋X专区",在主界面上找到"初中高级所需软件",选择考试所需软件,点击下载并安装,如图5.1.6所示。

图 **5.1.6**

5.1.5　资料下载

　　登录广联达毕有得官方网站,在首页"下载专区"菜单下拉列表中选择"资料下载",选择相关资料点击右侧"立即下载"保存到个人电脑即可,如图5.1.7所示。

图 5.1.7

5.1.6 拓展学习

（1）1＋X初级免费视频学习网址。

浏览器打开网址 https://build. glodonedu. com/one-plus-x/course-details? id＝3505320039465687577&source＝1½2BX,可以观看"1＋X 工程造价初级 数字化应用师资暨考评员培训"相关视频,如图 5.1.8 所示。

图 5.1.8

（2）1＋X中级免费视频学习网址。

浏览器打开网址 https://build. glodonedu. com/one-plus-x/course-details? id＝3505322524102698416&source＝1½2BX,可以观看"1＋X 工程造价中级 数字化应用师资暨考评员培训"相关视频,如图 5.1.9 所示。

图 5.1.9

（3）1＋X 其他免费视频学习网址。

登录广联达毕有得网站 https://build.glodonedu.com/data_download_zone，在首页"技能认证"菜单下拉列表选择"1＋X 专区"，可以自由选择工程造价数字化应用职业技能等级考试及培训相关内容进行学习，如图 5.1.10 所示。

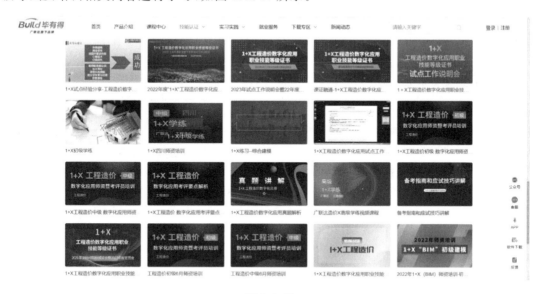

图 5.1.10

任务 2　真题解析

工程造价数字化应用职业技能等级证书考试，设有初、中、高三个级别，满分均为 100 分，下面将以工程造价数字化应用职业技能等级证书（中级）考试真题进行实操解析和作答演示。

工程造价数字化应用职业技能等级证书(中级)考题包括四部分内容,具体如下。

(1)选择题(分数占比 20%):单选题和多选题各 10 道,主要考核建筑工程与平法识图、《建设工程工程量清单计价规范》(GB 50500—2013)、《建筑工程建筑面积计算规范》(GB/T 50353—2013)等内容。理论题库位于"广联达数字建筑百万人才考试端"的"1+X 学练专区",如图 5.1.1 所示,个人注册"广联达数字建筑百万人才考试端"的账号后,即可自由登录进行题库练习。

(2)GTJ 计量实操题(分数占比 35%):主要考核应用广联达 BIM 土建计量平台 GTJ2021 进行建筑工程主体、二次结构与装饰构件的建模算量,工程指标核查以及清单工程量计提等实操环节。

(3)GCCP 计价实操题(分数占比 40%):主要考核应用广联达云计价平台 GCCP6.0 进行工程量清单组价、人材机费用调整、其他项目费用计取以及工程造价汇总计算等实操环节。

(4)招标文件编制实操题(分数占比 5%):主要考核应用广联达招标文件编制系统 V7.0 进行电子招标文件编制的实操环节。

5.2.2　计量实操真题解析

(1)新建 GTJ 工程文件。

清单计算规则选择"房屋建筑与装饰工程计量规范计算规则(2013-北京)",定额规则、清单库、定额库三项选无,钢筋计算规则选择"22G 平法规则",钢筋汇总方式为按外皮汇总,保存时命名为主体 GTJ。

1&2 新建工程和　3-1 识别轴网
工程参数设置　和独立基础
建模算量

(2)按要求完成工程参数设置。

①从结构说明中获取工程抗震等级信息,完成抗震等级的调整;

②从图纸中获取基础、柱、梁、板的混凝土标号信息,完成混凝土标号的调整。

(3)按要求完成指定构件的建模与计量。

①完成基础层独立基础 DJj02 的土建工程量及钢筋工程量计算。

3-2 首层与　3-3 砌体墙
第 2 层柱梁板　和门窗建模
建模算量　算量

②完成首层、第 2 层柱、梁、板的土建工程量及钢筋工程量计算(注:板受力钢筋均单板布置)。

③完成第 2 层砌体墙、门窗的土建工程量计算。

④完成第 2 层电脑室楼面、内墙面的土建工程量计算。

3-4 室内　4&5 单位建筑
装饰装修　面积指标提取

(5)最后汇总计算并保存,交卷时需要选择保存好的工程文件。

(5)单位建筑面积指标提取。请在工程汇总计算后,

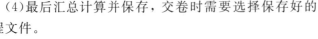

将建施说明中的建筑面积填入软件工程信息中,并查看本工程"云指标",钢筋部分"部位楼层指标表"中,确认钢筋总量的单位建筑面积指标为___空 1___ kg/m²。

【说明】以上计量实操内容是 2023 年的某一次工程造价数字化应用职业技能等级证书（中级）考试真题，请用手机扫描二维码观看实操解析和作答演示视频进行学习。

5.2.3 计价实操真题解析

（1）试题内容（工程概况）。

①工程名称：广联达某宿舍楼。

②工程类型：公共建筑。

③工程地点：北京市丰台区（三环以外）。

④建筑面积：总建筑面积 19265.48 m²，地上 5 层，无地下室，檐高为 17.65 m。

（2）编制要求。

注意事项：标注有安装专业的需要考虑安装工程，其他均在土建工程中完成。

①本工程"土建工程"清单综合单价费用构成要求如下：其中企业管理费以直接费为基数，按 7.68% 计取；利润以直接费加企业管理费为基数按 7.2% 计取；风险以直接费为基数按 1.1% 计取，根据要求进行调整。

1-9 分部分项计价

②在"给排水工程"中，考虑到安装人工及机械费用价格浮动带来的风险，需要在综合单价中考虑 1.2% 的风险。

③将土建工程中的清单项目按需要章分部标题进行整理。

④在"土石方工程"中，根据清单项目特征完成两条回填方清单的定额组价，定额工程量同清单量。

⑤结合清单特征描述，将垫层、独立基础、矩形柱、有梁板子目进行相应的混凝土强度等级换算。

⑥在"砌筑工程"分部中，砌块墙的项目特征描述与所套用的定额子目中的材料不一致，请按照清单项目特征的要求，对相应的材料进行换算。

⑦将块料墙面定额子目进行换算，机械费乘以 1.2，人工费乘以 1.5，材料费乘以 1.1，请调整子目工程量。将机械挖基坑定额子目进行换算，机械费乘以 1.5，人工费乘以 1.1，请调整子目工程量。

⑧本工程"门窗工程"中，所有木质门清单需要套用 8-115 弹子锁的安装（工程量同门数量），以及 8－143 门窗后填充剂（工程量同清单量），请完成定额套取。

⑨考虑到能为学生生活提供便利，需要在首层西北角筑造快递物品存放区域，在清单和定额中没有适用项，需要补充完成，如表 5.2.1 所示，请根据表格内容将补充内容编制在土建专业工程"混凝土及钢筋混凝土工程"分部下方。

表 5.2.1

编码	名称	特征	单位	工程量	单价/元
01B001	快递物品存放区	1. 部位：首层西北角 2. 包含内容： （1）桌（1 个）； （2）储物架（6 套）； （3）施工内容：包含器材费、安装费等全部内容。	m²	60	

编码	名称	特征	单位	工程量	单价/元
B-1	快递物品存放区		m²	60	70（其中人工单价10元，材料单价60元）

⑩在"措施项目"中，安全文明施工费根据当地取费标准完成计价。

⑪在"措施项目"中，为了保障工期，则考虑夜间施工费总价措施，本项费用为分部分项人工费，费率5%。

10-13 措施项目计价

⑫独立基础复合模板属于技术措施费用，是可竞争性费用，请使用强制修改综合单价的方式，按综合单价52.5元/m²计取，并保留组价内容、分摊到子目工程量。

⑬针对"给排水工程"计取脚手架使用费，有害环境增加费。

⑭根据给定的材料（主材）价格参照表5.2.2（土建＋给排水），完成材料价格的调整，并将表5.2.2中这4种材料的税率调整为1.2%。

表 5.2.2

序号	名称	规格型号	单位	不含税市场价/元
1	钢筋	三级钢 直径 10～20 mm	t	2600
2	PVC-U 下水塑料管	75 mm	m	13.5
3	平焊法兰	（1.6 MPa 以下）150 mm	片	70.1
4	复合木模板	复合木模板	m²	32

14-17 人材机调整

⑮应甲方要求，将钢质防火门作为暂估材料，其费用不计入合价中。

⑯应甲方要求，将洗脸盆作为暂估材料，其费用不计入合价中。

⑰甲方规定，以下材料统一由甲方供货（表5.2.3），请在计价软件中进行录入。

表 5.2.3

名称	单位	单价/元
断桥铝合金推拉窗	m²	720
薄型釉面砖	m³	50

⑱应甲方要求，对计日工有如下要求，请在软件中进行调整（表5.2.4）。

表 5.2.4

序号	名称	工程量	单位	单价/元
一	人工			
1	木工	20	工日	100
2	钢筋工	35	工日	120
二	材料			
1	细石	30	m³	200
2	水泥	16	m³	420
3	钢筋三级直径16	120	kg	4.5

18-19 其他费用调整

⑲土建工程中按表 5.2.5 情况处理暂列金额。

表 5.2.5

编号	名称	含税金额/元
1	图纸设计变更、索赔及现场签证	11000

⑳招标文件规定,甲供材料的费用在计取相应税后,从工程造价中扣除,并以扣除后的工程造价作为工程的评标造价。

20 工程造价费用汇总

【说明】以上计价实操内容是 2023 年的某一次工程造价数字化应用职业技能等级证书(中级)考试真题,请用手机扫描二维码观看实操解析和作答演示视频进行学习。

5.2.4 招标文件编制真题解析

(1)基本信息。

项目名称:综合实验楼。

建设单位:广联达科技股份有限公司。

建设地点:北京市海淀区。

建设规模:单体工程;地上 2 层;地下 0 层;框架结构;檐高 7.65 m;跨度 7 m。

建设面积:952.5m²。

招标控制价:400 万元。

资金情况:自筹(资金 100% 到位)。

招标范围:图纸范围内的全部土建与安装工程(详见工程量清单)。

(2)建设单位背景信息。

本工程质量要求为合格,拟采用施工总承包的方式(不接受联合体投标),学校只与施工总承包单位进行竣工结算。广联达科技股份有限公司只与施工总承包单位进行竣工结算。评标结束后广联达科技股份有限公司授权评标委员会指定中标人。

本工程确定中标人后,公司项目管理部门会提供给中标单位 6 套施工图纸(含竣工图);本工程建成后,广联达科技股份有限公司除公司内部档案馆留 2 套竣工资料备案外,同时移交给北京市城建档案馆 1 套和审计公司 1 套竣工资料;竣工资料由施工单位负责整理归档并承担由此产生的费用。

本工程招标工程量清单及招标控制价由项目组造价工程师负责编制;本工程采用固定单价合同(包含风险因素),如果工程量清单发生错误,可以根据《建设工程工程量清单计价规范》(GB 50500—2013)的相关规定进行调整,其余不做调整。

(3)作答要求。

在下发的工程文件上,补充完成招标文件编制(非试题要求部分及"/"部分无须填写):

①根据上述已知材料,完成项目基本信息的填写;

②完成评标办法的制定(答案不唯一,合理即可);

③下发文件中已上传工程量清单,请将图纸文件上传至招标文件的对应位置;

④结合建设单位背景信息,完成专用合同条款中关于竣工资料部分的约定;

⑤结合建设单位背景信息,完成专用合同条款中关于价格调整部分的约定。

（4）成果提交。

完成招标文件编制后，进行签章并生成招标文件，文件命名为"姓名＋手机号"，提交".GZ7"格式的招标文件至考试平台。

【说明】以上招标文件编制内容是 2023 年的某一次工程造价数字化应用职业技能等级证书（中级）考试真题，请用手机扫描二维码观看实操解析和作答演示视频进行学习。

招标文件编制真题解析